全国技工院校"十二五"系列规划教材

中国机械工业教育协会推荐教材

机械基础

（非机类·任务驱动模式）

主　编　王　英

副主编　李　静　　刘志怀

参　编　吕宝占　　叶樟兴

　　　　蔡世春　　刘梦茹

主　审　王增荣

机械工业出版社

本书是根据劳动和社会保障部培训就业司编制的《高级技工学校电气自动化专业教学计划与教学大纲（2008）》的相关要求，以"注重实践、强化应用"为指导思想，采用"任务驱动"教学模式编写的。

本书共分5篇、15个单元，涉及极限与配合、机械设计基础和液压传动等基础知识。主要包括极限与配合、常用机械传动、常用机构、轴系零件和液压传动等方面的内容。

本书可作为技工院校和中等职业学校非机类专业的教材，也可作为机械类专业和机电行业工程技术人员的参考书。

图书在版编目（CIP）数据

机械基础/王英主编 . —北京：机械工业出版社，2013.2（2017.6重印）
全国技工院校"十二五"系列规划教材 . 非机类·任务驱动模式
ISBN 978 - 7 - 111 - 41139 - 0

Ⅰ.①机…　Ⅱ.①王…　Ⅲ.①机械学—技工学校—教材
Ⅳ.①TH11

中国版本图书馆 CIP 数据核字（2013）第 008973 号

机械工业出版社（北京市百万庄大街22号　邮政编码100037）
策划编辑：马　晋　责任编辑：马　晋　张振勇
版式设计：张　薇　责任校对：丁丽丽　杜雨霏
封面设计：张　静　责任印制：乔　宇
三河市国英印务有限公司印刷
2017年6月第1版第2次印刷
184mm×260mm · 13.25 印张 · 320 千字
3001— 45 00 册
标准书号：ISBN 978 - 7 - 111 - 41139 - 0
定价：35.00 元

凡购本书，如有缺页、倒页、脱页，由本社发行部调换
电话服务　　　　　　　　　　网络服务
服务咨询热线：010 - 88379833　机 工 官 网：www.cmpbook.com
读者购书热线：010 - 88379649　机 工 官 博：weibo.com/cmp1952
　　　　　　　　　　　　　　　教育服务网：www.cmpedu.com
封面无防伪标均为盗版　　　金 书 网：www.golden-book.com

全国技工院校"十二五"系列规划教材
编审委员会

序

　　"十二五"期间，加速转变生产方式，调整产业结构，将是我国国民经济和社会发展的重中之重。而要完成这种转变和调整，就必须有一大批高素质的技能型人才作为后盾。根据《国家中长期人才发展规划纲要（2010—2020年)》的要求，至2020年，我国高技能人才占技能劳动者的比例将由2008年的24.4%上升到28%（目前一些经济发达国家的这个比例已达到40%）。可以预见，作为高技能人才培养重要组成部分的高级技工教育，在未来的10年必将会迎来一个高速发展的黄金期。近几年来，各职业院校都在积极开展高级工培养的试点工作，并取得了较好的效果。但由于起步较晚，课程体系、教学模式都还有待完善与提高，教材建设也相对滞后，至今还没有一套适合高级技工教育快速发展需要的成体系、高质量的教材。即使一些专业（工种）有高级工教材也不是很完善，或是内容陈旧、实用性不强，或是形式单一、无法突出高技能人才培养的特色，更没有形成合理的体系。因此，开发一套体系完整、特色鲜明、适合理论实践一体化教学、反映企业最新技术与工艺的高级工教材，就成为高级技工教育亟待解决的课题。

　　鉴于高级技工教材短缺的现状，机械工业出版社与中国机械工业教育协会从2010年10月开始，组织相关人员，采用走访、问卷调查、座谈等方式，对全国有代表性的机电行业企业、部分省市的职业院校进行了历时6个月的深入调研。对目前企业对高级工的知识、技能要求，各学校高级工教育教学现状、教学和课程改革情况以及对教材的需求等有了比较清晰的认识。在此基础上，他们紧紧依托行业优势，以为企业输送满足其岗位需求的合格人才为最终目标，组织了行业和技能教育方面的专家精心规划了教材书目，对编写内容、编写模式等进行了深入探讨，形成了本系列教材的基本编写框架。为保证教材的编写质量、编写队伍的专业性和权威性，2011年5月，他们面向全国技工院校公开征稿，共收到来自全国22个省（直辖市）的110多所学校的600多份申报材料。在组织专家对作者及教材编写大纲进行了严格的评审后，决定首批启动编写机械加工制造类专业、电工电子类专业、汽车检测与维修专业、计算机技术相关专业教材以及部分公共基础课教材等，共计80余种。

　　本系列教材的编写指导思想明确，坚持以达到国家职业技能鉴定标准和就业能力为目标，以各专业的工作内容为主线，以工作任务为引领，由浅入深，循序渐进，精简理论，突出核心技能与实操能力，使理论与实践融为一体，充分体现"教、学、做合一"的教学思想，致力于构建符合当前教学改革方向的，以培养应用型、技术型、创新型人才为目标的教材体系。

　　本系列教材重点突出了三个特色：一是"新"字当头，即体系新、模式新、内容新。

体系新是把教材以学科体系为主转变为以专业技术体系为主；模式新是把教材传统章节模式转变为以工作过程的项目为主；内容新是教材充分反映了新材料、新工艺、新技术、新方法。二是注重科学性。教材从体系、模式到内容符合教学规律，符合国内外制造技术水平实际情况。在具体任务和实例的选取上，突出先进性、实用性和典型性，便于组织教学，以提高学生的学习效率。三是体现普适性。由于当前高级工生源既有中职毕业生，又有高中生，各自学制也不同，还要考虑到在职人群，因此教材在内容安排上尽量照顾到了不同的求学者，适用面比较广泛。

此外，本系列教材还配备了电子教学课件，以及相应的习题集，实验、实习教程，现场操作视频等，初步实现了教材的立体化。

我相信，本系列教材的出版，对深化职业技术教育改革，提高高级工培养的质量，都会起到积极的作用。在此，我谨向各位作者和所在单位及为这套教材出力的学者表示衷心的感谢。

原机械工业部教育司副司长
中国机械工业教育协会高级顾问

郭广发

前　言

机械基础是机械类、电气类、化工类等多个专业的专业基础课。本书是按照劳动和社会保障部培训就业司编制的《高级技工学校电气自动化专业教学计划与教学大纲（2008）》的相关要求，为了适应当前技工院校以提高学生的综合能力为教学目标的教育教学改革需要，按照任务驱动教学模式编写的。特点为：根据相应的国家职业技能标准，以达到国家职业技能鉴定标准和就业能力为目标，以相关专业的工作内容为主线，以工作任务为引领，由浅入深，循序渐进，精简理论，突出核心技能与实操能力，使理论与实践融为一体，充分体现"教、学、做合一"的教学思想，致力于构建符合当前教学改革方向的，以培养应用型、技术型、革新型人才为目标的教材体系。

在编写过程中，遵循"以应用为目的，以必需、够用为度"的原则，突出应用性，强化培养学生分析问题和解决问题的能力，以期达到培养技能型、应用型专门人才的目标。在编写中吸取了现行教材之所长，并融入编者多年的教学经验。在内容组织方面，深入浅出，注重更新标准，如极限与配合、带传动、链传动、齿轮传动和滚动轴承等都采用了新的国家标准。为满足高级工考证需要，教材在介绍任务相关的基础知识和拓展知识的同时，每个任务后还设置了考试要点，旨在帮助考生掌握重点、难点知识，助学生顺利通过相关国家职业资格考试。

本书可作为技工院校、中等职业学校非机类专业的教材或参考书。教学中，可以根据专业特点和要求，对教材内容和顺序进行必要的调整和删减。

本书由廊坊市高级技工学校和哈密职业技术学校合作编写，王英任主编，李静、刘志怀任副主编。刘梦茹、刘志怀、吕宝占、王英、叶樟兴、蔡世春、李静参加编写。全书由王增荣担任主审，王增荣对本书进行了认真、细致的审阅，并提出了宝贵意见。

在本书编写过程中得到了机械工业出版社、廊坊市高级技工学校、哈密职业技术学校等有关单位领导、专家的大力支持，在此一并表示感谢。鉴于编者水平有限，书中难免有不妥和疏漏之处，恳请读者批评指正。

编　者

目 录

第1篇

极限与配合

单元1　互换性的基本知识

任务1　认识互换性

知识目标：
1. 互换性的概念。
2. 互换性在机械制造中的重要作用。

技能目标：
1. 了解互换性的基本概念。
2. 掌握实现互换性的基本条件。
3. 能应用互换性指导实际生产、生活。

 任务描述

某车床滚珠丝杠严重受损，该如何更换？

任务分析

互换性在日常生活中随处可见。例如：自行车的零件坏了可以换个新的；玩具电池没电了，换上同一型号的新电池；钟表零件坏了也可以换个新的。这些都说明，规格相同的某种产品任选其一就能直接互换安装并能正常使用，它为人们生活带来极大的方便。

相关知识

在机械工业中，所谓互换性就是指制成的同一规格的零件或部件，不经过挑选、调整或修配，就能顺利地与有关零件装配到一起，且符合规定的设计性能要求，零部件的这种特性就称为互换性。互换性原则已经成为组织现代化大生产的一项极其重要的技术经济原则。

1. 互换性的基本形式及重要性

（1）互换性的基本形式　按不同场合对于零部件互换的形式和程度的不同要求，互换性分为完全互换性和不完全互换性两种形式。

完全互换性简称互换性，是指零、部件在装配前不作任何挑选，装配中不作任何调整和修配，装配后即能满足使用性能要求的互换。其特点是不限定互换范围，装配或更换时不挑、不调、不修。

不完全互换性也称为有限互换性，是指零、部件在装配时允许挑选、调整，但不允许修配，装配后即能满足使用性能要求的互换。其特点是允许有附加条件的选择或调整。

对标准零部件或机构来讲，互换性又分为内互换性和外互换性。内互换性是指部件或机构内部组成零件间的互换性。外互换性是指部件或机构与其配合件间的互换性。例如：滚动轴承内、外圈滚道直径与滚动体（滚珠或滚柱）直径间的配合为内互换性；滚动轴承内圈直径与传动轴的配合、滚动轴承外圈外径与壳体孔的配合为外互换性。

（2）互换性的重要性

1）从设计角度看，按照互换性原则设计零件，在设计过程中可以简化绘图、计算等工作，并且采用计算机辅助设计，可以缩短设计周期。这样对产品系列化、改进产品性能等方面会起到重要作用。

2）从制造角度看，按照互换性原则能组织自动化和专业化的高效生产，应用现代化的技术设备，有利于提高产品质量，降低产品成本，促进生产发展。

3）从使用维修角度看，由于零件具有互换性，所以零件坏了可以以旧换新，缩短维修时间。这样不但可以延长机器的使用寿命，而且还可以提高机器的使用价值。

· 零件有了互换性，不仅提高了劳动生产率，而且还能有效地保证产品质量和降低生产成本，获取巨大的经济效益，所以说互换性是机械制造中的重要生产原则与有效的技术措施。

2. 实现互换性的基本条件

若想制成一批完全相同的零件，即零件实际尺寸数值等于理论值，虽具有互换性，但在生产上不可能实现。实际上，只要将零件尺寸的加工误差控制在一定的范围内，给它规定出允许的尺寸变动量，就能达到互换的目的。

 任务实施

查出受损滚珠丝杠的型号，然后选择相同型号的丝杠换上即可。

 知识拓展 （公差）

在加工零部件的过程中，由于各种因素（机床、刀具、温度等）的影响，以及加工中出现受力变形、热变形、振动和磨损等使被加工零部件的尺寸形状和表面粗糙度等几何要素难以达到理想的状态，总是不可避免地产生误差。但在零部件的使用过程中，不必要求零部件几何量绝对准确，只要求零部件几何量在某一规定范围内变动，即可保证同一规格零部件（特别是几何量）彼此接近。这个允许几何量变动的范围称为几何量公差。

考试要点

1. 什么是互换性？
2. 简述互换性的重要性。

任务2　认识极限与配合基本术语、定义

知识目标：
1. 孔和轴的概念。
2. 有关尺寸（公称尺寸、实际尺寸、极限尺寸）的概念及其关系。
3. 尺寸偏差、公差的概念及其与极限尺寸的关系。
4. 尺寸公差带及其画法。
5. 配合的概念。

技能目标：
1. 能根据有关尺寸检验零件是否合格。
2. 掌握各尺寸的代号。
3. 能根据孔轴公差带位置或极限偏差确定配合的种类。

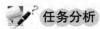 **任务描述**

求出下列孔、轴的公称尺寸、极限尺寸、公差。

1）孔 $\phi 50^{+0.064}_{+0.025}$ mm。

2）轴 $\phi 16^{-0.050}_{-0.093}$ mm。

 任务分析

由题目给出的标注形式：公称尺寸与极限偏差，即可知道零件的公称尺寸并计算零件的极限尺寸、公差值。

相关知识

1. 孔和轴

（1）孔　主要指工件圆柱形的内表面，也包括其他内表面中由单一尺寸确定的部分，见图1-1。

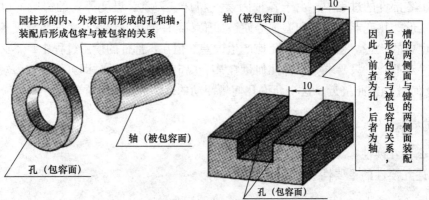

图1-1　孔和轴

（2）轴 主要指工件圆柱形的外表面，也包括其他外表面中由单一尺寸确定的部分，见图1-1。

2. 尺寸

用特定单位表示长度大小的数值称为尺寸。它由数值和长度单位组成，如15mm（毫米）、35μm（微米）等。在机械图样中，尺寸通常以mm为单位。尺寸可分为公称尺寸、实际尺寸和极限尺寸（以下内容以图1-2为例）。

1）公称尺寸：由图样规范确定的理想形状要素的尺寸（ϕ30mm）。孔用"D"表示，轴用"d"表示（标准规定：大写字母表示孔的有关代号，小写字母表示轴的有关代号）。它是确定极限尺寸的基数。

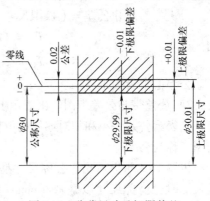

图1-2 公称尺寸及极限偏差

2）实际尺寸：通过测量得到的某一孔或轴的尺寸。孔用"D_a"表示，轴用"d_a"表示。由于在实际加工过程中存在加工误差，零件同一表面不同位置的实际尺寸不一定完全相等。

3）极限尺寸：尺寸要素允许的尺寸的两个极端，其中最大的一个称为上极限尺寸（ϕ30.01mm），最小的一个称为下极限尺寸（ϕ29.99mm）。

4）零线：确定偏差的一条基准直线称为零线（即零线偏差）。通常零线表示公称尺寸，零线之上的偏差为正，零线之下的偏差为负。

孔和轴的实际尺寸的合格条件分别为

$$D_{\min} \leq D_a \leq D_{\max}, \quad d_{\min} \leq d_a \leq d_{\max}$$

3. 尺寸偏差与公差

（1）尺寸偏差 尺寸偏差（简称偏差）是指某一尺寸与公称尺寸的代数差，它分为极限偏差和实际偏差。

1）极限偏差。极限偏差是指极限尺寸减去公称尺寸所得的代数差，分为上极限偏差和下极限偏差，其计算如下

$$极限偏差 = 极限尺寸 - 公称尺寸$$

$$上极限偏差 = 上极限尺寸 - 公称尺寸$$

$$下极限偏差 = 下极限尺寸 - 公称尺寸$$

孔的上极限偏差用ES表示，轴的上极限偏差用es表示，即

$$ES = D_{\max} - D$$
$$es = d_{\max} - d$$
$$(1-1)$$

孔的下极限偏差用EI表示，轴的下极限偏差用ei表示，即

$$EI = D_{\min} - D$$
$$ei = d_{\min} - d$$
$$(1-2)$$

2）实际偏差。实际偏差是指实际尺寸减其公称尺寸所得的代数差，即

$$实际偏差 = 实际尺寸 - 公称尺寸$$

一个合格零件的实际偏差应该在规定的上、下极限偏差之间。

（2）尺寸公差、公差带与公差带图

1）尺寸公差（简称公差）是指尺寸的允许变动量，孔和轴的公差分别用 T_h 和 T_s 表示。公差与极限尺寸和极限偏差的关系如下

尺寸公差 ＝ 上极限尺寸 － 下极限尺寸 ＝ 上极限偏差 － 下极限偏差

即
$$T_h = |D_{max} - D_{min}| = |ES - EI|$$
$$T_s = |d_{max} - d_{min}| = |es - ei| \tag{1-3}$$

公差值永远大于零。

2）公差带与公差带图。由表示上、下极限偏差的两条直线所限定的一个区域称为公差带，它表示公差大小和相对零线的位置。一般将尺寸公差和公称尺寸的关系按放大比例画成简图，称为公差带图。

由图1-3可以看出，公称尺寸是公差带图的零线，即衡量公差带位置的起点。在画公差带图时，公称尺寸以毫米（mm）为单位标出，公差带的上、下极限偏差用微米（μm）为单位标出，也可以用毫米（mm）。上、下极限偏差的数值前冠以"＋"或"－"号，零线以上为正，以下为负。与零线重合的偏差，其数值为零，不必标出，如图1-4所示。

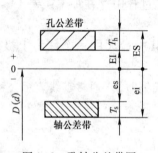

图1-3　孔轴公差带图

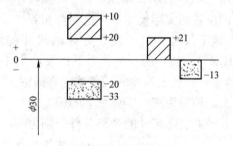

图1-4　公差带图示例

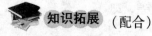 任务实施

1）由题目可知该孔的公称尺寸为 $\phi50mm$，其上极限偏差为 ＋0.064mm，下极限偏差为 ＋0.025mm。

由式1-1可得上极限尺寸 $D_{max} = D + ES = 50 + 0.064mm = 50.064mm$

由式1-2可得下极限尺寸 $D_{min} = D + EI = 50 + 0.025mm = 50.025mm$

由式1-3可得公差 $T_h = |ES - EI| = 0.064 - 0.025mm = 0.039mm$

2）由题目可知该轴的公称尺寸为 $\phi16$，其上极限偏差为 －0.050mm，下极限偏差为 －0.093mm。

同上可得

上极限尺寸 $d_{max} = d + es = 16 + (-0.050)mm = 15.950mm$

下极限尺寸 $d_{min} = d + ei = 16 + (-0.093)mm = 15.907mm$

公差 $T_s = |es - ei| = |(-0.050) - (-0.093)|mm = 0.043mm$

知识拓展 （配合）

配合是指公称尺寸相同的，相互结合的孔和轴公差带之间的关系。在生产实际中，要根

据装配后零件间相对运动的不同需求关系，采用不同性质的配合。

（1）间隙和过盈　孔和轴装配时，由于它们的实际尺寸不同，将产生间隙或过盈。孔的尺寸减去相配合的轴的尺寸所得的代数差为正时是间隙，为负时是过盈。

（2）间隙配合、过盈配合和过渡配合

1）间隙配合。保证有间隙的配合。即使把孔做得最小，把轴做得最大，装配后仍具有一定的间隙（包括最小间隙等于零）。此时，孔的公差带完全在轴的公差带之上（图 1-5）。

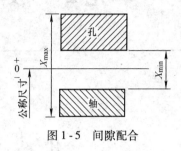

图 1-5　间隙配合

2）过盈配合。保证有过盈的配合。即使把孔做得最大，把轴做得最小，装配后仍具有一定的过盈（包括最小过盈等于零）。此时，孔的公差带完全在轴的公差带之下（图 1-6）。

3）过渡配合。可能形成间隙也可能形成过盈的配合。此时，孔的公差带与轴的公差带相互交叠（图 1-7）。

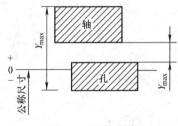

图 1-6　过盈配合

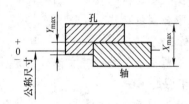

图 1-7　过渡配合

考试要点

1. 填空题

（1）尺寸由＿＿＿＿＿＿和＿＿＿＿＿＿两部分组成，如 15mm、35μm 等。

（2）允许尺寸变动范围的两个界限尺寸是＿＿＿＿＿＿＿＿＿和＿＿＿＿＿＿＿＿。

（3）尺寸偏差是指＿＿＿＿＿＿＿＿＿＿＿＿＿＿，它分为＿＿＿＿＿＿＿＿＿和＿＿＿＿＿＿＿＿。

（4）尺寸公差是指＿＿＿＿＿＿＿＿＿＿＿＿＿，其计算公式为：尺寸公差 = ＿＿＿＿＿＿＿＿＿ - ＿＿＿＿＿＿＿＿＿，还可用＿＿＿＿＿＿＿＿ - ＿＿＿＿＿＿＿＿。

（5）极限偏差是指＿＿＿＿＿＿＿＿＿所得的代数差，分为＿＿＿＿＿＿和＿＿＿＿＿＿。

2. 计算下列孔和轴的尺寸公差

（1）轴 $\phi 80_{-0.046}^{\ \ 0}$ mm。

（2）孔 $\phi 70_{-0.060}^{-0.030}$ mm。

3. 计算题

计算轴 $\phi 40_{-0.012}^{+0.018}$ mm 的极限尺寸。若该轴加工后测得实际尺寸为 $\phi 40.012$ mm，试判断该零件尺寸是否合格。

单元2　极限与配合国家标准

任务1　认识孔轴的基本偏差与配合

知识目标：

1. 标准公差和基本偏差的定义及基本规定。
2. 配合制的概念及配合制的选用。
3. 配合制的标注方法。

技能目标：

1. 了解标准公差和基本偏差的定义及基本规定，掌握尺寸公差的基本计算方法以及公差带图的画法。
2. 会查阅标准公差数值表、基本偏差表、极限偏差数值表。
3. 了解配合制的概念及配合制的选用。
4. 掌握配合制的标注方法。

📖 任务描述

图1-8所示为某台阶轴，在零件图中标注了尺寸公差等技术要求，试说明图中所标注尺寸 $\phi 80_{-0.046}^{0}$ mm 和 $\phi 70_{-0.060}^{-0.030}$ mm 的意义。零件加工后若测得右端圆柱面的实际尺寸为 $\phi 69.930$ mm，该尺寸是否合格？图中的标注形式 $\phi 80h8$ 及 $\phi 70f7$ 表示什么意义？

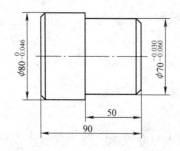
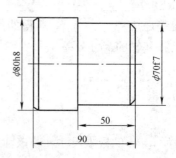

图1-8　被测台阶轴

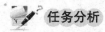

任务分析

图1-8是零件尺寸公差的两种常见标注形式。一种是标注公称尺寸与极限偏差，由其可求得零件的极限尺寸（可据此判断零件是否合格）、公差值，画出公差带图；一种是标注公称尺寸与公差带代号，由其可查表确定零件的极限偏差。

相关知识

1. 标准公差与基本偏差

（1）标准公差及其系列　标准公差系列是按国家标准制定的一系列由不同的公称尺寸和不同的公差等级组成的标准公差值。标准公差值是用来确定任一标准公差值的大小，也就是确定公差带的大小（宽度）。

标准公差的大小即公差等级的高低，决定了孔（轴）的尺寸精度和配合精度。根据公差等级的不同，国家标准把公差等级分为20个等级，用IT（International tolerance 的简写）加阿拉伯数字表示，即IT01、IT0、IT1、IT2、…、IT18。公差等级逐渐降低，相应的公差值逐渐增大。表1-1为国家标准所规定的公称尺寸至315mm的标准公差数值。

表1-1　公称尺寸至315mm的标准公差数值（摘自 GB/T 1800.1—2009）

公称尺寸 (mm)		标准公差等级																		
大于	至	IT01	IT0	IT1	IT2	IT3	IT4	IT5	IT6	IT7	IT8	IT9	IT10	IT11	IT12	IT13	IT14	IT15	IT16	IT17	IT18
		μm													mm						
—	3	0.3	0.5	0.8	1.2	2	3	4	6	10	14	25	40	60	0.1	0.14	0.25	0.4	0.6	1	1.4
3	6	0.4	0.6	1	1.5	2.5	4	5	8	12	18	30	48	75	0.12	0.18	0.3	0.48	0.75	1.2	1.8
6	10	0.4	0.6	1	1.5	2.5	4	6	9	15	22	36	58	90	0.15	0.22	0.36	0.58	0.9	1.5	2.2
10	18	0.5	0.8	1.2	2	3	5	8	11	18	27	43	70	110	0.18	0.27	0.43	0.7	1.1	1.8	2.7
18	30	0.6	1	1.5	2.5	4	6	9	13	21	33	52	84	130	0.21	0.33	0.52	0.84	1.3	2.1	3.3
30	50	0.6	1	1.5	2.5	4	7	11	16	25	39	62	100	160	0.25	0.39	0.62	1	1.6	2.5	3.9
50	80	0.8	1.2	2	3	5	8	12	19	30	46	74	120	190	0.3	0.46	0.74	1.2	1.9	3	4.6
80	120	1	1.5	2.5	4	6	10	15	22	35	54	87	140	220	0.35	0.54	0.87	1.4	2.2	3.5	5.4
120	180	1.2	2	3.5	5	8	12	18	25	40	63	100	160	250	0.4	0.63	1	1.6	2.5	4	6.3
180	250	2	3	4.5	7	10	14	20	29	46	72	115	185	290	0.46	0.72	1.15	1.85	2.9	4.6	7.2
250	315	2.5	4	6	8	12	16	23	32	52	81	130	210	320	0.52	0.81	1.3	2.1	3.2	5.2	8.1

（2）基本偏差及其系列

1）基本偏差的含义及其代号。基本偏差是指两个极限偏差当中靠近零线或位于零线的那个偏差，它是用来确定公差带位置的参数。为了满足各种不同配合的需要，国家标准（GB/T 1800—2009）对孔和轴分别规定了28种基本偏差（图1-9），用拉丁字母表示，其中孔用大写拉丁字母表示，轴用小写拉丁字母表示，基本偏差代号见表1-2。

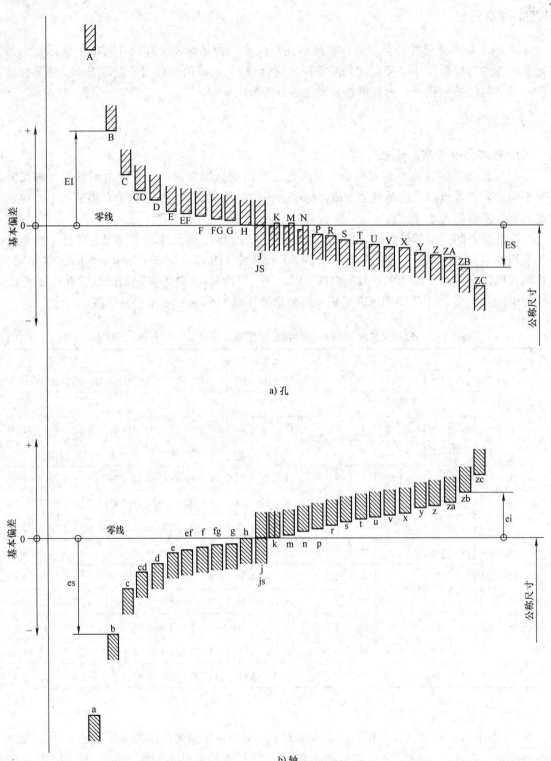

a) 孔

b) 轴

图 1-9　基本偏差系列

表 1 - 2　基本偏差代号

孔或轴	基本偏差		备注
孔	下极限偏差	A、B、C、CD、D、E、EF、FG、G、H	H 为基准孔，它的下极限偏差为零
	上极限偏差或下极限偏差	JS = ±IT/2	
	上极限偏差	J、K、M、N、P、R、S、T、U、V、X、Y、Z、ZA、ZB、ZC	
轴	下极限偏差	a、b、c、cd、d、e、ef、fg、g、h	h 为基准轴，它的上极限偏差为零
	上极限偏差或下极限偏差	js = ±IT/2	
	上极限偏差	j、k、m、n、p、r、s、t、u、v、x、y、z、za、zb、zc	

从基本偏差系列图可以看出：

① 孔和轴同字母的基本偏差相对于零线基本呈对称分布。

② 基本偏差代号为 JS 和 js 的公差带，在各公差等级中完全对称于零线。

③ 代号为 K、k 和 N 的基本偏差的数值随公差等级的不同而分为两种情况（K、k 可为正值或零值，N 可为负值或零值），而代号为 M 的基本偏差的数值随公差等级的不同则有三种情况（正值、负值或零值）。

2）轴的基本偏差。轴的基本偏差是以基准孔配合为基础来制定的。根据设计要求、生产经验、科学试验，并经数理统计分析，整理出一系列轴的基本偏差计算经验公式，利用此计算公式，以尺寸分段的几何平均值代入这些公式中，经过计算以及科学圆整尾数，编制出轴的基本偏差数值表。公称尺寸 ≤500mm 轴的基本偏差数值见附录 A。

轴的另一个偏差（上极限偏差或下极限偏差）根据轴的基本偏差和标准公差，按下列关系式计算

$$ei = es - IT（基本偏差为上极限偏差） \qquad (1 - 4)$$

或

$$es = ei + IT（基本偏差为下极限偏差） \qquad (1 - 5)$$

3）孔的基本偏差。公称尺寸 ≤500mm 时，孔的基本偏差是从轴的基本偏差换算得来的，公称尺寸 ≤500mm 孔的基本偏差数值见附录 B。

孔的另一个偏差（上极限偏差或下极限偏差），根据孔的基本偏差和标准公差，按以下关系式计算

$$EI = ES - IT（基本偏差为上极限偏差） \qquad (1 - 6)$$

或

$$ES = EI + IT（基本偏差为下极限偏差） \qquad (1 - 7)$$

2. 公差带系列

（1）公差带代号　孔、轴公差带代号由基本偏差代号与公差等级数字组成。例如，H7，F8，JS9，C11 等为孔公差带代号；h6，f7，d9，n6 等为轴公差带代号。

（2）尺寸公差的标注　在图样上标注尺寸公差时，可用公称尺寸与公差带代号表示，也可以用公称尺寸与极限偏差表示，还可以用公称尺寸与公差带代号、极限偏差共同表示。

例如：

$\phi50F8$ 可用 $\phi50^{+0.064}_{+0.025}$ 或 $\phi50F8^{+0.064}_{+0.025}$ 表示；

$\phi16d9$ 可用 $\phi16^{-0.050}_{-0.093}$ 或 $\phi16d9^{-0.050}_{-0.093}$ 表示。

（3）公差带系列　根据国家标准提供的 20 个公差等级与 28 种基本偏差，可以组合成的公差带，孔为 $20 \times 28 = 560$ 种，轴为 $20 \times 28 = 560$ 种。但由于 28 个基本偏差中，J（j）比较特殊，孔仅与 3 个公差等级组合成为 J6、J7、J8，而轴也仅与 4 个公差等级组合成为 j5、j6、j7、j8。故孔公差带有 $20 \times 27 + 3 = 543$ 种，轴公差带有 $20 \times 27 + 4 = 544$ 种。

根据生产实际情况，国标对常用尺寸段推荐了孔与轴的一般、常用、优先公差带。选用公差带时，应按优先、常用、一般、任意公差带的顺序选用，特别是优先和常用公差带，它反映了长期生产实践中所积累的丰富经验，应尽量选用。

3. 配合基准制

基准制是指同一极限制的孔和轴组成配合的一种制度。以两个相配合的孔和轴中的某一个为基准件，并选定标准公差带，而改变另一个非基准件的公差带的位置，从而形成了各种配合。

（1）基孔制配合　基孔制是指基准孔 H 与非基准件（a～zc）轴形成各种配合的一种制度。基准孔与不同基本偏差的轴进行配合而形成图 1-10 所示的基孔制配合。

基准孔 H 与基本偏差为 a～h 的轴形成间隙配合，与 j～n 的轴一般形成过渡配合，与 p～zc 的轴通常形成过盈配合。

（2）基轴制配合　基轴制是指基准轴 h 与非基准件（A～ZC）孔形成各种配合的一种制度。基准孔与不同基本偏差的孔进行配合而形成图 1-11 所示的基轴制配合。

基准轴 h 与孔 A～H 形成间隙配合，与孔 J～N 一般形成过渡配合，与孔 P～ZC 通常形成过盈配合。

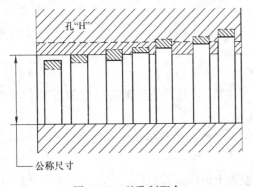

图 1-10　基孔制配合

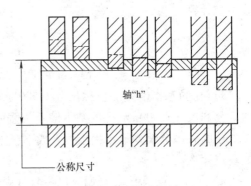

图 1-11　基轴制配合

（3）混合配合　在实际生产中，根据需求有时也采用非基准孔与非基准轴相配合，这种没有基准件的配合称为混合配合。

4. 尺寸公差与配合的标注

（1）尺寸公差在零件图上的标注方法　孔、轴公差在零件上主要标注公称尺寸和极限偏差数值，零件图上尺寸公差的标注方法有三种，如图 1-12 所示。

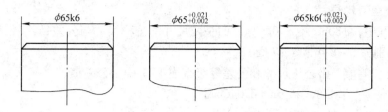

图 1 - 12　尺寸公差在图样上的标注

（2）配合在图样上的标注方法　配合在图样上的标注如图 1 - 13 所示。

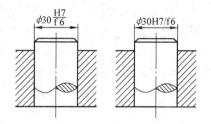

图 1 - 13　配合在图样上的标注

 任务实施

1. 分析尺寸与偏差

（1）分析尺寸标注　由上述知识可知，图 1 - 8a 中的 $\phi80$ 和 $\phi70$ 分别是 $\phi80_{-0.046}^{0}$ mm 和 $\phi70_{-0.060}^{-0.030}$ mm 的公称尺寸，其上、下极限偏差分别为 0、-0.046mm 和 -0.030mm、-0.060mm。

（2）计算公差

轴 $\phi80_{-0.046}^{0}$ mm 的公差：$T_s = |es - ei| = |0 - (-0.046)|$ mm = 0.046mm

轴 $\phi70_{-0.060}^{-0.030}$ mm 的公差：$T_s = |es - ei| = |-0.030 - (-0.060)|$ mm = 0.030mm

（3）求极限尺寸

轴 $\phi80_{-0.046}^{0}$ mm 的上极限尺寸：$d_{max} = d + es = 80 + 0$ mm = 80mm

下极限尺寸：$d_{min} = d + ei = 80 + (-0.046)$ mm = 79.954mm

同理，轴 $\phi70_{-0.060}^{-0.030}$ mm 的上极限尺寸：$d_{max} = d + es = 70 + (-0.030)$ mm = 69.970mm

下极限尺寸：$d_{min} = d + ei = 70 + (-0.060)$ mm = 69.940mm

2. 检测尺寸

此零件只有径向尺寸有公差要求，轴向尺寸都是未注公差。径向尺寸的精度要求为 0.001mm，要求比较高，所以其直径应该选用千分尺来检测，其轴向尺寸用游标卡尺就可以测量。

判断尺寸合格的方法有两种：零件的实际尺寸应在规定的两极限尺寸之间或零件的实际偏差应在规定的上、下极限偏差之间。

在本任务中，零件加工后测得右端圆柱面的实际尺寸为 $\phi69.930$ mm，比轴的下极限尺寸 $\phi69.940$ mm 小，不符合 $d_{min} \leq d_a \leq d_{max}$ 的条件，故该尺寸不合格。

3. 分析公差带代号

在图1-8b中，$\phi 80h8$ 及 $\phi 70f7$ 标注的是两尺寸的公称尺寸与公差带代号（其基本偏差和公差等级分别为h、8级和f、7级）。

（1）确定公差值　由公称尺寸和公差等级查表1-1确定公差值。

$\phi 80h8$ 的公差为：IT8 = $46\mu m$ = 0.046mm

$\phi 70f7$ 的公差为：IT7 = $30\mu m$ = 0.030mm

（2）确定基本偏差　由公称尺寸和基本偏差代号查附表1-1确定基本偏差。

$\phi 80h8$ 的基本偏差 es = 0 （查表可知基本偏差为上极限偏差，由基本偏差图也能判别出基本偏差为上极限偏差）

$\phi 70f7$ 的基本偏差 es = －0.030mm

（3）计算另一极限偏差

根据极限偏差与公差的关系计算另一极限偏差。

$\phi 80h8$ 的另一极限偏差：ei = es － IT8 = 0 － 0.046mm = －0.046mm

$\phi 70f7$ 的另一极限偏差：ei = es － IT7 = －0.030 － 0.030mm = －0.060mm

因此，这两个尺寸也可用公称尺寸与极限偏差表示为 $\phi 80^{\ 0}_{-0.046}$mm 和 $\phi 70^{-0.030}_{-0.060}$mm，即图1-8中两种形式表示的尺寸公差相同。

 知识拓展　（基准制的选择）

选用基准制时，主要应从零件的结构、工艺、经济等方面来综合考虑。

1. 优先选用基孔制配合

由于选择基孔制配合的零部件生产成本低，经济效益好，因而该配合被广泛使用。具体原因如下：

（1）加工工艺方面　加工中等尺寸的孔，通常需要采用价格较贵的扩孔钻、铰刀、拉刀等定值刀具，并且一种刀具只能加工一种尺寸的孔，而加工轴则不同，一把车刀或砂轮可加工不同尺寸的轴。

（2）技术测量方面　一般中等精度孔的测量，必须使用内径指示表，由于调整和读数不易掌握，测量时需要一定水平的测试技术。而测量轴则不同，可以采用通用量具（游标卡尺或千分尺），测量非常方便且读数也容易掌握。

2. 特殊场合下选用基轴制配合

在有些情况下，采用基轴制配合更为合理。

1）直接采用冷拉棒料做轴，其表面不需要再进行切削加工，同样可以获得明显的经济效益（由于这种原材料具有一定的尺寸、几何、表面粗糙度精度），在农业、建筑、纺织机械中常用。

2）有些零件由于结构上的需要，采用基轴制更合理。图1-14a所示为活塞连杆机构，根据使用要求，活塞销轴与活塞孔采用过渡配合，而连杆衬套与活塞销轴则采用间隙配合。若采用基孔制配合，如图1-14b所示，活塞销轴将加工成台阶形状；若采用基轴制配合，如图1-14c所示，活塞销轴可制成光轴。这种选择不仅有利于轴的加工，并且能够保证合理的装配质量。

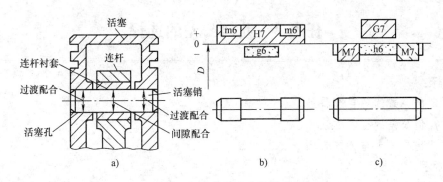

图 1-14　基轴制配合选择示例

a）活塞连杆机构　b）基孔制设计形式　c）基轴设计制形式

3）与标准件配合时，应按需要选取。当设计的零件需要与标准件配合时，应根据标准件来确定基准制配合。例如，与滚动轴承内圈配合的轴应该选用基孔制，而与滚动轴承外圈配合的孔则宜选用基轴制。

4）需要时可选用混合制配合（非基准值配合）。为了满足某些配合的特殊需要，国家标准允许采用任一孔、轴公差带组成的配合，如非基准件的相互配合。

考试要点

1. 填空题

（1）配合制是指同一极限制的孔和轴组成配合的一种制度。为了便于生产，简化标准，国家标准对孔与轴公差带之间的相互关系规定了两种基准制，即_____制和_____制。

（2）在国家标准中，公差带的大小由_____确定，公差带的位置由_____确定。

2. 综合题

（1）某轴设计尺寸为 $\phi 60$mm，加工时的尺寸范围要求为 $\phi 59.905 \sim \phi 60.095$mm。求轴的上极限偏差、下极限偏差及公差，画公差带图，并将该尺寸范围要求写成极限偏差的标注形式。若加工后的三根轴的实际尺寸分别为 $\phi 59.90$mm、$\phi 60$mm 和 $\phi 60.095$mm，求各轴的实际偏差，并判断各轴的尺寸是否合格。

（2）下列尺寸公差的标注是否正确？如有错误请改正。

1）$\phi 20^{+0.015}_{+0.021}$mm；

2）$\phi 35^{-0.025}_{0}$mm；

3）$\phi 70^{+0.046}_{0}$mm；

4）$\phi 45^{+0.042}_{+0.017}$mm；

5）$\phi 50^{-0.041}_{-0.025}$mm。

（3）画出下列孔与轴的配合公差带图，指出各属于哪种基准制？哪类配合？并计算它们的极限间隙或极限过盈以及配合公差。

1）孔 $\phi 30^{+0.021}_{0}$mm，轴 $\phi 30^{+0.035}_{+0.022}$mm；

2）孔 $\phi 40^{+0.034}_{+0.009}$mm，轴 $\phi 40^{0}_{-0.016}$mm；

3）孔 $\phi 50^{+0.025}_{0}$mm，轴 ϕ（50 ± 0.008）mm。

任务2 几何公差的选择

知识目标：

1. 几何公差的项目及符号。
2. 几何公差的标注方法。
3. 几何公差带与公差带图。

技能目标：

1. 明确几何要素、理想要素和实际要素的概念；明确单一要素和关联要素的概念。
2. 明确几何公差的项目及符号。
3. 掌握几何公差的标注方法，能正确识读几何公差。
4. 理解几何公差带的含义，能正确描述几何公差带。

任务描述

在机械加工过程中，由于机床精度、工件的装夹精度和加工中的变形等多种因素的影响，加工后的零件不仅会产生尺寸误差，还会产生形状、方向、位置和跳动等几何误差。零件的几何误差同样会影响零件的使用性能和互换性，因此，零件图样上除了规定尺寸公差来限制尺寸误差外，还规定了形状、方向、位置和跳动公差来限制几何误差，以满足零件的功能要求。几何公差示例如图1-15所示，试解释图样中各几何公差代号的含义及公差带的形状。

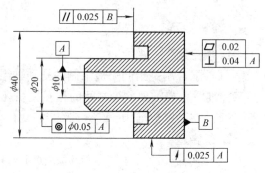

图1-15 几何公差示例

任务分析

国家标准规定，对零件的几何公差，要求在图样上用代号标注，其中涉及被测要素和基准要素（又分单一要素、关联要素、成组要素和导出要素等）、公差项目、公差值等内容。

相关知识

1. 零件的几何要素

构成机械零件几何特征的点、线、面，统称为零件的几何要素。如图1-16所示的零件是由端平面、圆柱面、圆锥面、轴线、球心、球面等几何要素构成，几何公差的研究对象就是这些几何要素，简称要素。在研究零件的形状公差时，涉及的对象有线、面两类要素；在研究零件的位置公差时，涉及的对象有点、线、面三类要素。

几何要素有以下几种分类：

（1）按结构特征分

1）轮廓要素：构成零件外形为人们直接感觉到的点、线、面。如图 1 - 16 中球面、圆锥面、圆柱面、素线、端平面等都是轮廓要素。

2）中心要素：是具有对称关系的轮廓要素的对称中心点、线、面。其特点是它不能被人们直接感觉到，而是通过相应的轮廓要素才能体现出来，如图 1 - 16 中的轴线、球心。

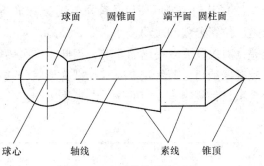

图 1 - 16　零件的几何要素

（2）按存在状态分

1）理想要素：具有几何意义的要素，它是按设计要求，由图样给定的点、线、面的理想形态；它不存在任何误差，是绝对正确的几何要素。理想要素作为评定实际要素的依据，在实际生产中是不可能得到的。

2）实际要素：零件实际上存在的要素，它是由加工形成的，可以通过测量出来的要素来代替，由于有测量误差，测量得到的要素并非实际要素的真实情况，实际要素可分为实际轮廓要素和实际中心要素。

（3）按检测时所处的地位分

1）被测要素：即图样上给出了几何公差要求的要素，是测量的对象，如图 1 - 17 中零件的上表面给出了几何公差，因此属于被测要素。

2）基准要素：即零件上用来确定被测要素的方向或位置的要素。基准要素在图样上都标有基准符号，如图 1 - 17 中零件的下表面。

（4）按功能关系分

1）单一要素：对要素本身提出形状公差要求的要素。单一要素是只对本身有要求的点、线或面，而与其他要素没有功能关系。如图 1 - 18 中 $\phi40$ 的圆柱面就是单一要素，它提出的是形状公差要求，而它与其他要素没有任何功能关系的要求。

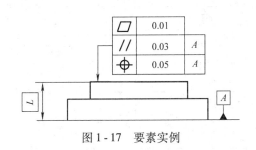

图 1 - 17　要素实例

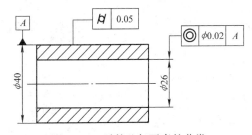

图 1 - 18　零件几何要素的分类

2）关联要素：即与零件基准要素有功能要求的要素。如图 1 - 18 中 $\phi26$ 孔的轴线就是一个关联要素，因为要求它与 $\phi40$ 的轴线有同轴度关系。

2. 几何公差的概念和项目

（1）几何公差的概念　零件在加工过程中，由于加工设备存在一定的几何误差，而且受到在加工过程中出现的受力变形、热变形、刀具磨损等多种因素的影响，实际加工所得到的零件的几何要素不可避免地会产生形状误差和位置误差。

（2）几何公差的项目及符号　　国家标准将几何公差分为 4 个类型，即形状公差、方向公差、位置公差和跳动公差。形状公差是对单一要素提出的要求，因此没有基准要求；位置公差是对关联要素提出的要求，因此，在大多数情况下都有基准要求。对于线轮廓度项目和面轮廓度项目，若无基准要求，则为形状公差；若有基准要求，则为位置公差。几何公差的每个项目都规定了专门的符号，见表 1 - 3。

表 1 - 3　几何公差的项目及符号

公差类型	几何特征	符　号	有无基准
形状公差	直线度	―	无
	平面度	▱	无
	圆度	○	无
	圆柱度	⌀	无
	线轮廓度	⌒	无
	面轮廓度	◠	无
方向公差	平行度	∥	有
	垂直度	⊥	有
	倾斜度	∠	有
	线轮廓度	⌒	有
	面轮廓度	◠	有
位置公差	位置度	⊕	有或无
	同心度（用于中心点）	◎	有
	同轴度（用于轴线）	◎	有
	对称度	≡	有
	线轮廓度	⌒	有
	面轮廓度	◠	有
跳动公差	圆跳动	↗	有
	全跳动	⌰	有

（3）几何公差带　　几何公差带是控制实际要素变动的区域。在设计零件时，根据零件的功能要求给出各个几何要素的几何公差，加工后的实际要素必须在几何公差带内才算合格。几何公差带的大小、形状、方向和位置称为几何公差带的四要素，公差带的形状由被测要素的特征及设计要求来确定，其主要形状见图 1 - 19。

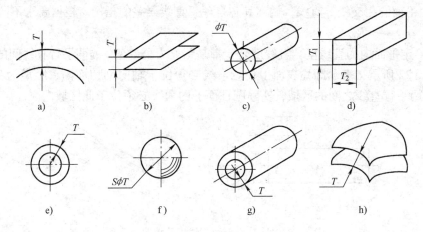

图 1-19　公差带的主要形状

a）两等距离曲线之间的区域　b）两平行平面之间的区域　c）圆柱面内的区域　d）四棱柱内的区域

e）两同心圆之间的区域　f）球面的区域　g）两同轴圆柱面内的区域　h）两等距离曲面之间的区域

3. 几何公差代号

几何公差代号由几何公差项目的符号、公差框格、指引线、公差数值、基准符号以及其他有关符号构成，采用框格表示，并用带箭头的指引线指向被测要素，如图 1-20 所示。

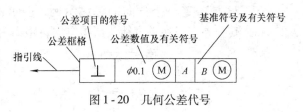

图 1-20　几何公差代号

当被测要素为轮廓要素时，指引线的箭头应置于要素轮廓线或其延长线上，并与尺寸线明显错开，如图 1-21a 所示；当被测要素为中心要素时，指引线的箭头应与该要素的相应尺寸线对齐，如图 1-21b 所示。

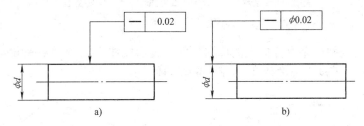

图 1-21　指引线箭头指向被测要素位置示例

a）被测要素为轮廓要素　b）被测要素为中心要素

4. 几何公差的标注方法

（1）形状公差与公差带　形状公差是单一实际被测要素对其理想要素的允许变动量。形状公差包括直线度公差、平面度公差、圆度公差、圆柱度公差、线轮廓度公差、面轮廓度公差六个项目，除了有基准要求的线轮廓度公差、面轮廓度公差外，均是对单一要素的要求。

形状公差带是限制单一实际被测要素变动的区域。

1）直线度。直线度公差是评定圆柱或圆锥的表面素线、回转体的轴线及棱线、平面上的直线及两平面的相交线等直线，偏离其各自理想直线误差的指标。根据要求不同，有以下三种情况：

① 在给定平面内的直线度。直线度公差带是距离为公差值 t 的两平行直线间的区域。

如图 1-22 所示，表示圆柱表面上任意素线必须位于轴向剖切面内、距离为公差值 $t = 0.02\text{mm}$ 的两平行直线之间的区域，实际圆柱面上的素线必须位于此区域内。

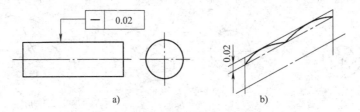

图 1-22　圆柱面素线直线度公差带示意图
a）标注示例　b）公差带

② 在给定方向上的直线度。当给定一个方向时，公差带是距离为公差值 t 的两平行平面之间的区域；当给定两个方向时，公差带是正截面尺寸为公差值 $t_1 \times t_2$ 的四棱柱内的区域。

图 1-23 是给定一个方向的标注示例，表示棱线在箭头所指方向上的直线度公差为 0.02mm，其公差带是在垂直箭头所指方向，距离为公差值 $t = 0.02\text{mm}$ 的两平行平面之间。

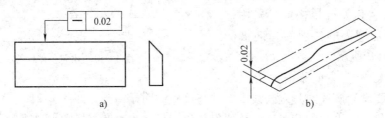

图 1-23　给定一个方向上的直线度公差带示意图
a）标注示例　b）公差带

图 1-24 是给定两个垂直方向上的标注示例，表示棱线必须位于水平方向距离为公差值 0.05mm，垂直方向距离为公差值 0.03mm 的四棱柱内。

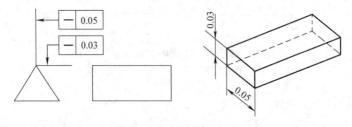

图 1-24　给定两个垂直方向上直线度公差带示意图

③ 在任意方向上的直线度。用来限制轴线在 360°内的任一个方向上的直线度误差，其公差带是直径为公差值 t 的圆柱面内的区域。图 1-25 表示圆柱体轴线必须位于直径为公差值 $t = 0.04\text{mm}$ 的圆柱面内。由于被测要素为中心要素，指引线的箭头应与尺寸线对齐；由于给定的公差带形状是圆柱面，应在公差数值前面加符号"ϕ"。

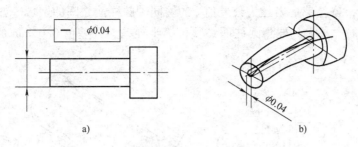

图 1-25　圆柱面轴线直线度公差带示意图
a）标注示例　b）公差带

2）平面度。平面度公差是评定实际表面偏离其理想平面误差的一项指标，其公差带是距离为公差值 t 的两平行平面之间的区域。如图 1-26 所示，表示被测表面的平面度公差值为 $t = 0.1$mm，其公差带是距离为 0.1mm 的两平行平面之间的区域。

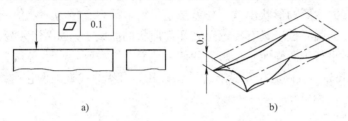

图 1-26　平面度公差带示意图
a）标注示例　b）公差带

3）圆度。圆度公差是单一实际圆所允许的变动全量。圆度公差用来控制回转表面（如圆柱面、圆锥面等）的径向截面轮廓的形状误差，其公差带是在同一横截面上半径为公差值 t 的两同心圆之间的区域。如图 1-27a）中圆柱度含义为：被测圆柱面任一横截面的圆周必须位于半径为公差值 0.04mm 的两同心圆之间；图 1-27b）中圆柱度的含义为：被测圆锥面任一横截面上的圆周必须位于半径为公差值 0.03mm 的两同心圆之间。

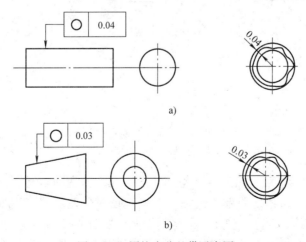

图 1-27　圆柱度公差带示意图

4）圆柱度。圆柱度公差是单一实际圆柱所允许的变动全量。圆柱度公差用来控制圆柱

机械基础（非机类·任务驱动模式）

表面的形状误差，公差带是半径为公差值 t 的两同轴圆柱面之间的区域。如图 1 - 28 所示，该项圆柱度公差的含义为：被测圆柱面必须位于半径差为公差值 0.03mm 的两同轴圆柱面之间。

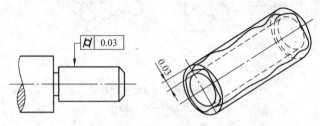

图 1 - 28　圆柱度公差带示意图

5）轮廓度。

① 线轮廓度。线轮廓度公差是实际轮廓线所允许的变动全量。线轮廓度公差用于控制平面曲线或曲面截面轮廓的形状误差，公差带是包络一系列直径为公差值 t 的圆的两包络线之间的区域，诸圆的圆心位于具有理论正确几何形状的曲线上。如图 1 - 29 所示，该项线轮廓度的含义为：在平行于图样所示投影面的任一截面上，被测轮廓线必须位于包络一系列直径为公差值 $\phi 0.03$mm，且圆心位于具有理论正确几何形状的线上的两包络线之间。

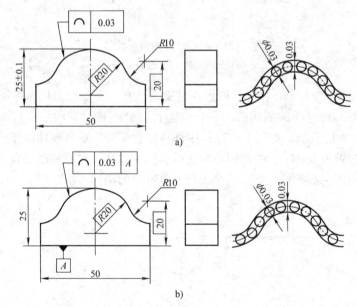

图 1 - 29　线轮廓度公差带示意图

a）无基准要求　b）有基准要求

② 面轮廓度。面轮廓度公差是实际轮廓曲面所允许的变动全量。面轮廓度公差用于控制实际曲面的形状误差，其公差带是包络一系列直径为公差值 t 的球的两包络面之间的区域，诸球的球心位于具有理论正确几何形状的面上。如图 1 - 30 所示，该项面轮廓度公差的含义为：被测实际轮廓面必须位于包络一系列球的两包络面之间，诸球的直径公差值为 $S\phi 0.03$mm，且球心位于具有理论正确几何形状的面上的两包络面之间。

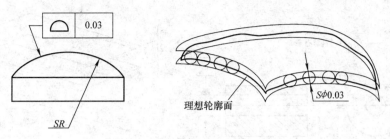

图 1 - 30　面轮廓度公差带示意图

（2）方向公差　方向公差是关联实际被测要素对其具有确定方向的理想要素的允许变动量。理想要素的方向由基准及理论正确尺寸（角度）确定。方向公差包括平行度公差、垂直度公差、倾斜度公差、线轮廓度公差和面轮廓度公差。

方向公差三个项目的被测要素和基准要素有直线和平面之分，因此有被测直线相对于基准直线（线对线）、被测直线相对于基准平面（线对面）、被测平面相对于基准平面（面对面）、被测平面相对于基准直线（面对线）等四种形式。

1）平行度公差。平行度公差是评价线或面的实际要素偏离其基准（线对面、线对线、面对面或面对线）在平行方向上的误差的指标。

如图 1 - 31 所示为直线对平面的平行度公差，表示孔的实际轴线必须限定在平行于基准平面 B 且间距为公差值 0.01mm 的两平行平面间的区域内。

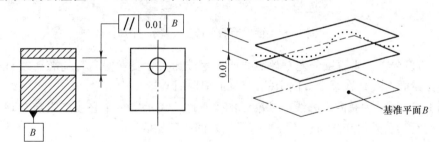

图 1 - 31　线对面的平行度公差示意图

如图 1 - 32 所示为直线对直线的平行度公差，表示小孔的实际中心线必须限定在平行于基准轴线 A 且直径为公差值 ϕ0.03mm 的圆柱面区域内。

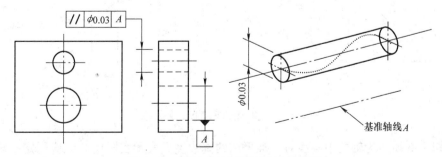

图 1 - 32　线对线的平行度公差示意图

如图 1 - 33 所示为平面对直线的平行度公差，表示实际被测平面必须位于间距为公差值 0.1mm 且平行于基准轴线 C 的两平行平面间的区域内。

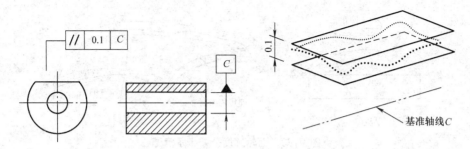

图 1 - 33　面对线的平行度公差示意图

如图 1 - 34 所示为平面对平面的平行度公差，表示实际被测面应限定在平行于基准平面 D 且间距为公差值 0.01mm 的两平行平面间的区域内。

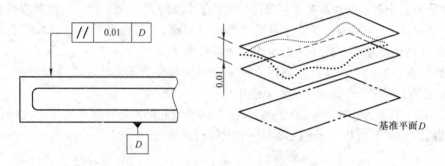

图 1 - 34　面对面的平行度公差示意图

2）垂直度公差。垂直度公差是评定线或面等被测实际要素偏离其基准（线对面、线对线、面对面或面对线）在垂直方向上的误差的一项指标。

如图 1 - 35 所示为孔的中心线对基准线的垂直度，表示实际中心线应限定在垂直于基准轴线 A 且间距为公差值 0.06mm 的两平行平面之间的区域内。

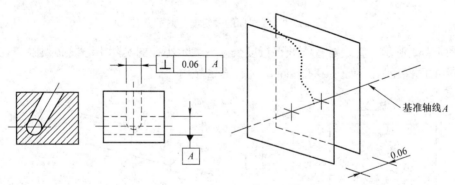

图 1 - 35　线对线的垂直度公差示意图

如图 1 - 36 所示为轴的中心线对基准平面的垂直度，表示实际中心线应限定在垂直于基准平面 A 且直径为公差值 $\phi0.01$mm 的圆柱面的区域内。

如图 1 - 37 所示为端面对基准轴线的垂直度，表示实际平面必须位于间距为公差值 0.08mm 且平行于基准轴线 A 的两平行平面间的区域内。

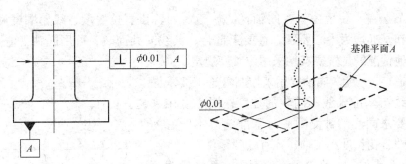

图 1 - 36　线对面的垂直度公差示意图

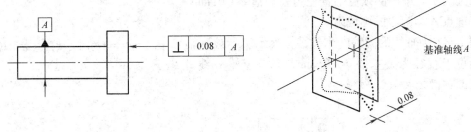

图 1 - 37　面对线的垂直度公差示意图

如图 1 - 38 所示为零件右侧平面对基准平面的垂直度，表示实际右侧面应限定在垂直于基准平面 A 且间距为公差值 0.08mm 的两平行平面间的区域内。

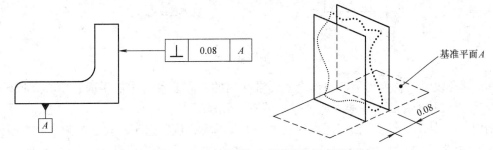

图 1 - 38　面对面的垂直度公差示意图

3）倾斜度。倾斜度公差是用来控制面对面、面对线、线对面、线对线的倾斜度误差，与平行度、垂直度公差同理，只是将被测要素与基准要素间的理论正确角度从 0°或 90°变为 0°～90°的任意角度。图样标注时，应将角度值用理论正确角度标出。

如图 1 - 39 所示为被测平面对基准平面的倾斜度，表示实际被测平面必须位于间距为公差值 0.08mm 且与基准平面 A 夹角为 40°的两平行平面间的区域内。

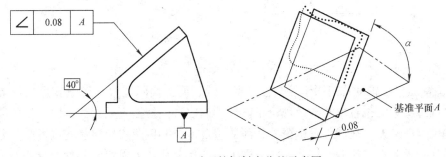

图 1 - 39　面对面的倾斜度公差示意图

（3）位置公差　位置公差有同轴（心）度、对称度、位置度、线轮廓度和面轮廓度。当被测要素和基准均为中心要素，且要素重合、共线或共面时，可用同轴（心）度或对称度规定，其他情况的位置要求均采用位置度规定。

1）同轴（心）度。同轴度用来控制理论上要求同轴的被测轴线与基准轴线不同轴的程度；同心度用来控制理论上要求同心的被测圆心与基准圆心不同心的程度，用于轴、孔长度小于轴、孔直径的零件。

图1-40为点的同心度公差带，表示在任意横截面内，外圆的实际中心必须位于直径为公差值 $\phi0.01\mathrm{mm}$，且以基准点 A 为圆心的圆域内。

图1-41为轴线的同轴度公差带，表示实际被测轴线必须位于直径为公差值 $\phi0.01\mathrm{mm}$，且与基准轴线 A 同轴的圆柱面内。

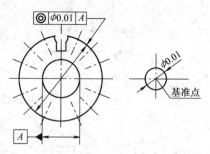

图1-40　点的同心度公差带示意图

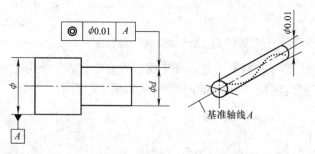

图1-41　轴线的同轴度公差带示意图

2）对称度。对称度用于控制理论上要求共面的被测要素（中心平面、中心线或轴线）与基准要素（中心平面、中心线或轴线）的不重合程度。

图1-42为槽的中心平面对零件基准中心平面的对称度公差带，表示被测实际中心面必须位于距离为公差值 $0.08\mathrm{mm}$，且相对于基准中心平面 A 对称配置的两平行平面间的区域内。

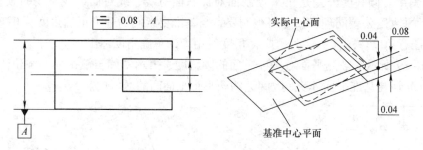

图1-42　对称度公差带示意图

3）位置度。位置度公差用于控制被测点、线、面的实际位置相对于其理想位置的位置度误差，理想要素的位置由基准及理论正确尺寸确定。根据被测要素的不同，位置度公差可分为点的位置度公差、线的位置度公差、面的位置度公差以及成组要素的位置度公差。

位置度公差具有广泛的控制功能。原则上，位置度公差可以代替各种形状公差、方向公差和位置公差所表达的设计要求，但在实际设计和检测中还是应该使用最能表达特征的项目。

点的位置度公差带是直径为公差值 ϕ（平面点）或 $S\phi$（空间点），以点的理想位置为中心的圆或球面内的区域。如图 1-43 所示为点的位置度公差带，表示实际点必须位于直径为公差值 $\phi 0.3$mm，圆心在相对于基准 A、B 距离分别为理论正确尺寸 $\boxed{40}$ 和 $\boxed{30}$ 的理想位置上的圆内。

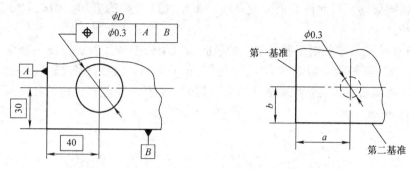

图 1-43　点的位置度公差带示意图

图 1-44 是线的位置度公差带，表示 ϕD 孔的实际轴线必须位于直径 $\phi 0.3$mm，轴线位于由基准 A、B、C 和理论正确尺寸 90°、$\boxed{30}$、$\boxed{40}$ 所确定的理想位置的圆柱面区域内。

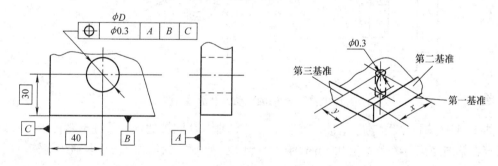

图 1-44　线的位置度公差带示意图

图 1-45 是面的位置度公差带，表示被测表面必须位于距离为公差值 0.02mm，且以相对于基准线 B 和基准面 A 的理想正确尺寸所确定的理想位置对称配置的两平行平面之间。

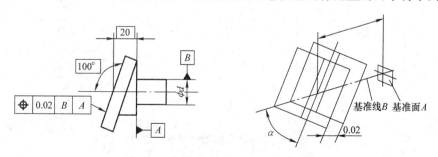

图 1-45　面的位置度公差带示意图

（4）跳动公差　跳动公差是一种以测量方式规定的几何公差项目，是关联实际要素绕基准轴线回转一周或连续回转时所允许的最大跳动量，用于综合限制被测要素的形状误差和位置误差。它的被测要素为圆柱面、端平面等轮廓要素，基准要素为轴线。跳动公差与其他几何公差相比有显著的特点：跳动公差相对于基准轴线有确定的位置；跳动公差可以综合控制被测要素的位置、方向和形状。

跳动公差分为圆跳动和全跳动。

1）圆跳动。圆跳动公差是被测要素某一固定参考点围绕基准轴线旋转一周（零件和测量仪器间无轴向移动）时允许的最大变动量，根据允许变动的方向，圆跳动分为径向、轴向、斜向三种。

图 1-46 是被测要素相对于基准轴线的径向圆跳动公差带，表示在任一垂直于基准轴线 A 的截面上，其实际轮廓应限定在半径差为公差值 0.8mm，圆心在基准轴线 A 上的两同心圆区域内。即当被测要素围绕基准轴线 A 旋转一周时，在任一测量平面内的径向圆跳动均不得大于公差值 0.8mm。

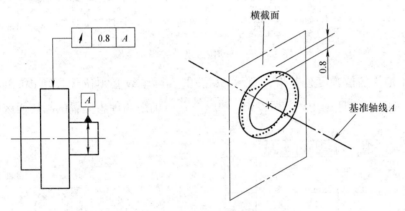

图 1-46　径向圆跳动公差带示意图

图 1-47 为轴向圆跳动公差带，表示在与基准轴线 D 同轴的任一圆柱形截面上，实际圆应限定在轴向距离等于公差值 0.1mm 的两个等圆之间。即被测面围绕基准轴线旋转一周时，在任一测量圆柱面内轴向的跳动量均不得大于公差值 0.1mm。

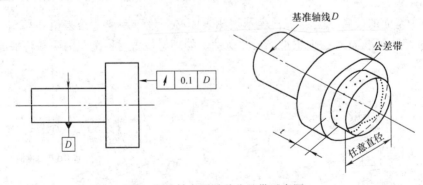

图 1-47　轴向圆跳动公差带示意图

图 1-48 为斜向圆跳动公差带，表示在与基准轴线 C 同轴的任一圆锥截面上，被测圆锥面的实际轮廓应限定在素线方向宽度为 0.1mm 的圆锥面区域内。即被测面绕基准轴线 C 旋转一周时，在任一测量圆锥面上的跳动量均不得大于 0.1mm。

需要指出的是：除特殊规定外，斜向圆跳动的测量方向是沿被测面的方向；当标注公差的素线不是直线时，圆锥截面的锥角要随所测圆的实际位置而改变。

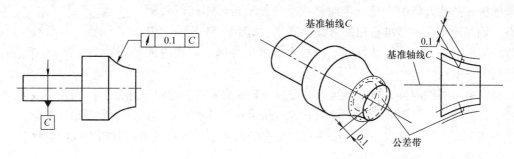

图 1 - 48　斜向圆跳动公差带示意图

2）全跳动。不同于圆跳动只能对单个测量面内被测轮廓要素进行几何误差控制，全跳动是对整个表面的几何误差综合控制的一项综合指标。全跳动分为径向全跳动和轴向全跳动。

图 1 - 49 为径向全跳动公差带，表示轴的实际轮廓应限定在半径差为公差值 0.1mm，且以公共基准轴线 A—B 同轴的两圆柱面的区域内。即被测圆柱面绕公共基准轴线 A—B 做多次旋转，同时测量仪与工件间必须沿着公共基准轴线方向进行轴向移动，此时被测轮廓要素上各点间的示值差不大于 0.1mm。

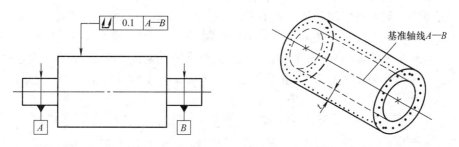

图 1 - 49　径向全跳动公差带示意图

图 1 - 50 为轴向全跳动公差带，表示右侧面的实际轮廓应限定在距离为 0.05mm，且垂直于基准轴线 A 的两平行平面的区域内。即被测右端面绕基准轴线 A 做多次旋转，同时测量仪与工件间必须沿基准轴进行径向移动，此时被测轮廓要素上各点间的示值差不大于 0.05mm。

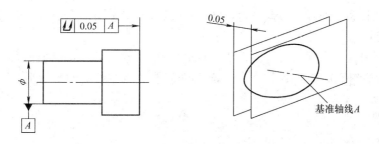

图 1 - 50　轴向全跳动公差带示意图

（5）基准符号及其标注　对有方向、位置、跳动公差要求的零件，在图样上必须标明基准。基准用一个大写英文字母表示，字母标注在基准方格中，与一个涂黑或空白的三角形相连以表示基准（涂黑或空白的基准三角形含义相同），如图 1-51 所示。需要特别注意的是：无论基准符号在图样上的方向如何，方格内的字母要水平书写。

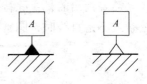

图 1-51　基准符号示例

与框格指引线的位置同理，当基准要素为轮廓要素时，基准三角形应放在轮廓线或其延长线上，并与尺寸线明显错开，如图 1-52a 所示；当基准要素是由尺寸要素确定的轴线、中心平面或中心点时，基准三角形应放在该要素的尺寸线的延长线上，其指引线应与该要素的相应尺寸线对齐，如图 1-52b 所示。

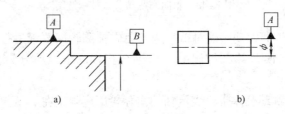

图 1-52　基准的标注方法

任务实施

在本任务中，对零件的四个要素提出了几何公差要求。

（1）被测要素为 $\phi 40mm$ 的圆柱面，公差项目为圆跳动，公差值为 0.025mm，基准要素是 $\phi 10mm$ 圆柱面的轴线。其公差带是垂直于 $\phi 10mm$ 圆柱面轴线的任一横截面内、半径差为公差值 0.025mm 且圆心在 $\phi 10mm$ 圆柱面轴线上的两同心圆所限定的区域。

（2）被测要素为 $\phi 40mm$ 圆柱左端面，公差项目为平行度，公差值为 0.025mm，基准要素是零件右端面。其公差带是间距等于公差值 0.025mm 且平行于基准平面（零件右端面）的两平行平面所限定的区域。

（3）被测要素为 $\phi 20mm$ 圆柱面的中心线，公差项目为同轴度，公差值为 $\phi 0.05mm$，基准要素是 $\phi 10mm$ 圆柱面的轴线。其公差带是直径为公差值 $\phi 0.05mm$ 且轴线与 $\phi 10mm$ 圆柱面的轴线重合的圆柱面所限定的区域。

（4）被测要素为零件右端面，有两项几何公差要求：

1）公差项目为平面度，公差值为 0.02mm。其公差带是间距为公差值 0.02mm 的两平行平面所限定的区域。

2）公差项目为垂直度，公差值为 0.04mm，基准要素是 $\phi 10mm$ 圆柱面的轴线。其公差带是间距等于公差值 0.04mm，且垂直于 $\phi 10mm$ 圆柱面的轴线的两平行平面所限定的区域。

考试要点

1. 填空题

（1）零件的几何要素可以从不同角度来分类：按存在状态分为：_____ 要素和

_____要素；按所处地位分为：_____要素和_____要素；按几何特征分为：_____要素和_____要素。

（2）一个几何公差带由_____、_____、_____和_____四个要素确定。

2. 简答题

几何公差有哪些公差类型和公差项目？试写出它们的名称和符号。

3. 综合题

（1）根据图1-53中标注的几何公差代号，解释①~⑥各项代号的含义。

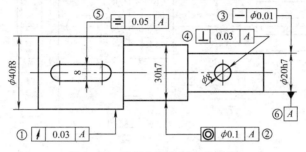

图1-53　几何公差代号含义解释

（2）将下列几何公差要求用代号标注在图1-54上。

1）$\phi20d7$圆柱面任一素线的直线度公差为0.05mm。

2）$\phi40m7$圆柱面的中心线相对于$\phi20d7$圆柱面的轴线的同轴度公差值为$\phi0.01$mm。

3）10H6槽的两平行平面中任一平面对另一平面的平行度公差为0.015mm。

4）10H6槽的中心面相对于$\phi40m7$圆柱面的轴线的对称度公差为0.01mm。

5）$\phi20d7$圆柱面的中心线对$\phi40m7$圆柱右肩面的垂直度公差为$\phi0.02$mm。

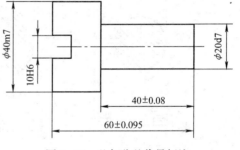

图1-54　几何公差代号标注

任务3　认识表面粗糙度

知识目标：

1. 表面粗糙度的基本概念。

2. 表面粗糙度的评定参数。

3. 表面粗糙度代号及其标注。

技能目标：

1. 了解表面粗糙度的基本概念与术语。

2. 能够选用合适的评定参数进行评价。

3. 掌握表面粗糙度代号及其标注方法。

📖 任务描述

图1-55为某减速器输出轴，指出图中各表面粗糙度的含义。

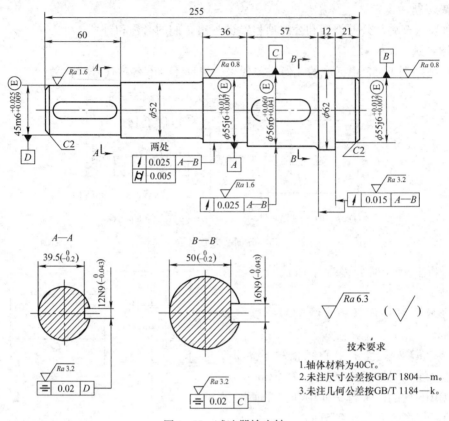

图1-55　减速器输出轴

技术要求

1. 轴体材料为40Cr。
2. 未注尺寸公差按GB/T 1804—m。
3. 未注几何公差按GB/T 1184—k。

✏️ 任务分析

零件在加工过程中，表面粗糙度的形成主要有以下几个原因：加工过程中的刀痕、切屑分离时的塑性变形、刀具与已加工表面间的摩擦和工艺系统的高频振动等。表面粗糙度直接影响产品的质量，对零件表面许多功能都有影响，尤其是对在高温、高压和高速条件下工作的机械零件影响更大，其主要表现为：两结合零件的配合性质，降低零件的耐磨性、耐腐蚀性、疲劳强度、接触刚度，同时会影响到结合面的密封性和零件的美观性能等。因此，国家标准GB/T 3505—2009《产品几何技术规范（GPS）表面结构轮廓法术语、定义及表面结构参数》和GB/T 131—2006《产品几何技术规范（GPS）技术产品文件中表面结构的表示法》等对表面粗糙度的基本术语、评定参数、代号及其标注进行了规定。

🔍 相关知识

1. 基本术语

（1）基本轮廓　零件或工件的表面是指物体与周围介质区分的物理边界。由于加工过程中各种因素的影响，经过加工后形成的零件实际表面总会存在几何形状误差。几何形状误

差分为三类:

1) 表面宏观几何形状误差,即表面形状误差。

2) 表面微观几何形状误差,即表面粗糙度。

3) 介于宏观和微观几何形状误差之间的几何形状误差,即表面波纹度。

表面形状误差、表面粗糙度、表面波纹度之间的界定,通常按相邻两波峰或波谷之间的距离,即按波距的大小来划分,或按波距与峰谷高度的比值来划分。一般来说,波距小于1mm,大体呈周期性变化的属于表面粗糙度范围;波距在 1~10mm 之间呈周期性变化的属于表面波纹度范围;波距大于 10mm 以上的属于表面形状误差范围,如图 1-56 所示。

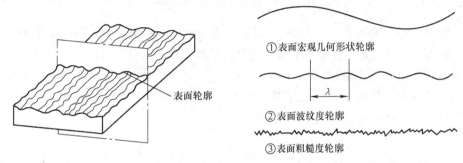

图 1-56　零件表面几何形状误差

表面粗糙度主要是由加工过程中刀具和工件表面之间的强烈摩擦、切屑分离时工件表面层的塑性变形,切削过程中的残留物以及工艺系统的高频振动所引起的具有较小间距和微小峰谷不平度的微观几何形状误差。

(2) 取样长度 lr　取样长度是指测量时量取的,用于判别具有表面粗糙度特征的一段基本长度。规定和选择这段长度是为了限制和减弱表面波纹度对表面粗糙度测量结果的影响。表面越粗糙,取样长度 lr 应越长;但是, lr 过长,表面粗糙度的测量值中可能包含有表面波纹度的成分;过短,则不能客观地反映表面粗糙度的实际情况,使测量结果有很大随机性。因此取样长度应与表面粗糙度的大小相适应,见表 1-4。在所选取的取样长度内,一般至少应包含五个以上的轮廓峰和轮廓谷。

表 1-4　取样长度与评定长度的选用值(摘自 GB/T 1031—2009)

$Ra/\mu m$	$Rz/\mu m$	取样长度 lr/mm	评定长度 ln/mm（$ln = 5lr$）
≥0.008 ~0.02	≥0.025 ~0.10	0.08	0.4
>0.02 ~0.1	>0.10 ~0.50	0.25	1.25
>0.10 ~2.0	>0.50 ~10.0	0.8	4.0
>2.0 ~10.0	>10.0 ~50.0	2.5	12.5
>10.0 ~80.0	>50.0 ~320	8.0	40.0

(3) 评定长度 ln　评定长度是指评定表面粗糙度所必需的一段长度,它可以包括一个或几个取样长度,如图 1-57 所示。在评定长度内,根据取样长度进行测量,此时可得到一个或几个测量值;由于被测表面上各处的表面粗糙度不一定很均匀,在一个取样长度上往往不能合理地反映被测表面的粗糙度,所以需要在几个取样长度上分别测量,取其平均值作为

测量结果。一般取 $ln = 5l$，对于均匀性好的被测表面，可选 $ln < 5l$，对均匀性较差的被测表面，可选 $ln > 5l$。

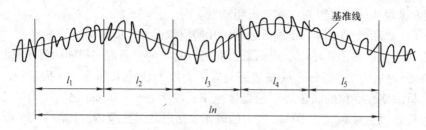

图 1 - 57　评定长度与取样长度

（4）轮廓中线（基准线）　轮廓中线是评定表面粗糙度参数值大小的一条参考线，通常采用轮廓最小二乘中线或轮廓算术平均中线作为基准线。

2. 表面粗糙度的评定参数

（1）轮廓算术平均偏差 Ra　在取样长度内，被测轮廓上各点至轮廓中线距离的绝对值的算术平均值，用公式表示为

$$Ra = \frac{1}{l} \int_0^l |y(x)| dx \qquad (1-8)$$

或近似为

$$Ra = \frac{1}{n} \sum_{i=1}^{n} |y_i| \qquad (1-9)$$

评定参数 Ra 能充分反映表面微观几何形状高度方面的特性，是通常采用的评定参数。Ra 值越大，则表面越粗糙。

（2）轮廓最大高度 Rz　在取样长度 lr 内，轮廓峰顶线和轮廓谷底线之间的距离，如图 1 - 58 所示，峰顶线和谷底线分别指在取样长度内，平行于中线且通过轮廓最高点和最低点的线。用公式表示为

$$Rz = Zp_{max} + Zv_{max} \qquad (1-10)$$

式中　Zp_{max}——轮廓最大峰高；

$\quad\quad Zv_{max}$——轮廓最大谷深，且取正值。

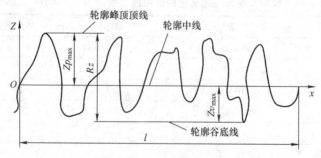

图 1 - 58　轮廓最大高度

国家标准 GB/T 1031—2009《表面粗糙度参数及其数值》中规定：表面粗糙度参数一般从轮廓的算数平均偏差 Ra 和轮廓的最大高度 Rz 两项中选取。根据表面功能的需要，除表面粗糙度高度参数（Ra、Rz）外还可选用附加评定参数，如：轮廓单元的平均宽度 Rsm 和轮

廓的支承长度率 $Rmr(c)$ 等，由于篇幅所限，此部分不做介绍。

3. 表面粗糙度图形符号及标注

国家标准 GB/T 131—2006《技术产品文件中表面结构的表示法》对表面粗糙度的图形符号及其标注作了规定。

（1）表面粗糙度图形符号 按国家标准 GB/T 131—2006，在图样上表示的表面粗糙度图形符号有五种。表面粗糙度的图形符号及意义见表1-5。

表1-5 表面粗糙度的图形符号及意义

符 号	意义及说明
	基本图形符号，表示表面可用任何工艺获得
	扩展图形符号，在基本图形符号加一短横，表示指定表面是用去除材料的方法获得，如通过机械加工获得的表面
	扩展图形符号，在基本图形符号加一圆圈，表示指定表面是用不去除材料的方法获得，也可用于表示保持上道工序形成的表面（不管是通过去除材料或不去除材料形成的）
	完整图形符号，在上述三个符号的长边上加一横线，用于标注表面结构特征补充信息
	在上述三个符号上均可加一小圆，表示所有表面具有相同的表面粗糙度

（2）表面粗糙度代号 表面粗糙度代号是在表面粗糙度图形符号上，注上表面特征参数，即由粗糙度图形符号和各种必要的特征规定，共同组成表面粗糙度代号。表面特征各项规定的注写位置如图1-59所示。

图1-59中各位置的含义如下：

a 位置：表面粗糙度的单一要求，包括取样长度、表面粗糙度参数符号和极限值（μm）。

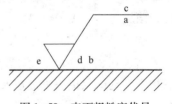

图1-59 表面粗糙度代号

a 和 b 位置：注写两个或以上粗糙度要求时，在位置 a 上注写第一个表面粗糙度要求，在位置 b 上注写第二个表面粗糙度要求。

c 位置：注写加工方法、表面处理、涂层或其他工艺要求。

d 位置：注写表面纹理和纹理方向。

e 位置：注写所要求的加工余量，其数值单位为 mm。

（3）表面粗糙度在图样上的标注 图样上表面粗糙度符号一般标注在工件轮廓线、尺寸线或其引出线上；对于镀涂表面，可以标注在表示线（粗点画线）上；符号的尖端或箭头必须从材料外面指向实体表面，数字及符号的方向必须按图1-60和图1-61的规定要求标注。

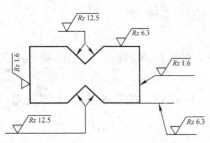

图 1 - 60　表面粗糙度符号、代号的标注位置

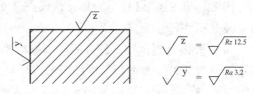

图 1 - 61　图纸空间有限时的简化注法

任务实施

按照国家标准的规定，图 1 - 55 中各粗糙度所表示的含义如下：

（1）$\sqrt{^{Ra\,6.3}}$　指定表面用去除材料的方法获得的表面粗糙度，为半精加工面，轮廓算术平均偏差 Ra 的上限值为 $6.3\mu m$。一般为箱体、支架、套筒、非传动用梯形螺纹、轴和孔的退刀槽等及与其他零件结合而无配合要求的表面，可以通过车、铣、刨、镗、磨、拉、粗刮、铣齿等加工工艺获得。

（2）$\sqrt{^{Ra\,3.2}}$　指定表面用去除材料的方法获得的表面粗糙度，为接近精加工表面，轮廓算术平均偏差 Ra 的上限值为 $3.2\mu m$。一般为箱体上安装轴承的孔和定位销的压入孔表面及齿轮齿条、传动螺纹、键槽、带轮槽的工作面、花键结合面等，可以通过车、铣、刨、镗、磨、拉、刮等加工工艺获得。

（3）$\sqrt{^{Ra\,1.6}}$　指定表面用去除材料的方法获得的表面粗糙度，轮廓算术平均偏差 Ra 的上限值为 $1.6\mu m$。一般用于要求有定心及配合的表面，如圆柱销、圆锥销的表面、卧式车床导轨面、与 P0 或 P6 级滚动轴承配合的表面等，可以通过车、镗、磨、拉、刮、精铰、磨齿、滚压等加工工艺获得。

（4）$\sqrt{^{Ra\,0.8}}$　指定表面用去除材料的方法获得的表面粗糙度，轮廓算术平均偏差 Ra 的上限值为 $0.8\mu m$。用于要求配合性质稳定的配合表面及活动支承面，如高精度车床导轨面、高精度活动球状接头表面以及与 P5 级滚动轴承配合的表面等，可以通过精铰、精镗、磨、刮、滚压等加工工艺获得。

（5）$\sqrt{}$　指定表面是用去除材料的方法获得，如通过车、铣、刨、磨、钻、剪切、抛光、气割等机械加工获得的表面，或利用腐蚀、电火花加工等特种加工方法获得的表面。

考试要点

1. 填空题

（1）零件表面的几何形状误差分为三种，它们是_____、_____、_____。

（2）表面粗糙度的基本图形符号是_____，扩展图形符号是_____、_____。

（3）配合零件表面公差的协调，一般应符合_____公差值 < _____公差值 < _____公差值。

2. 简答题

（1）表面粗糙度对零件使用性能有哪些影响？

（2）什么是取样长度和评定长度？两者有什么关系？

（3）在一般情况下，$\phi45H7$ 和 $\phi8H7$，$\phi45H7$ 和 $\phi45H6$ 中哪个应选取较小的表面粗糙度值，为什么？

3. 综合题

将下列要求标注在图 1 - 62 上，零件的各加工面均由去除材料的方法获得。

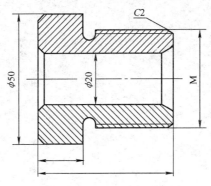

图 1 - 62　表面粗糙度的标注

1）直径为 $\phi50$mm 的圆柱外表面粗糙度的允许值为 $Ra3.2\mu m$。

2）左端面的表面粗糙度的允许值为 $Ra1.6\mu m$。

3）直径为 $\phi50$mm 的圆柱右端面的表面粗糙度的允许值为 $Ra1.6\mu m$。

4）直径为 $\phi20$mm 的内孔表面粗糙度的允许值为 $Ra0.4\mu m$。

5）螺纹工作表面的表面粗糙度的最大值为 $Ra1.6\mu m$，最小值为 $Ra0.8\mu m$。

6）其余各加工面的表面粗糙度的允许值为 $Ra25\mu m$。

第 2 篇

常用机械传动

单元3 带传动和链传动

任务1 认识带传动的基本原理和特点

> **知识目标：**
>   1. 带传动的组成与工作原理。
>   2. 平带传动的形式及应用场合。
>   3. 平带传动的传动比、包角和带长计算方法。
> **技能目标：**
>   1. 了解带传动的组成、工作原理、平带传动的形式及应用场合。
>   2. 掌握平带传动中传动比、包角和带长等参数的计算。
>   3. 掌握平带的合理选择，并能正确安装。

任务描述

如图 2-1 所示为某磨床的内圆磨具，动力传递系统采用了平带传动。通过平带传动将电动机的旋转运动输送到磨床内圆磨具，使内圆磨头高速旋转。工作中发现平带因为变形、磨损、老化等原因，已经不能正常使用，需要更换平带，试选择合适的平带，并正确安装。

任务分析

平带传动是带传动中的一种类型，带传动是如何工作的？常见的带传动类型有哪些？带传动有什么特点？在生产实际中如何应用？

更换平带时，首先要合理确定平带的参数（特别是带长），选择合适的接头形式，并掌握正确的安装方法。

相关知识

1. 带传动的组成与工作原理

（1）带传动的组成与类型

1）带传动的组成。带传动是一种应用广泛的机械传动，主要由主动轮、从动轮和具有挠性的传动带等组成。

图 2 - 1　磨床内圆磨具

2）带传动的类型。

① 按传动原理分类：摩擦型带传动和啮合型带传动两种，如图 2 - 2 所示。

② 按用途分类：传动带和输送带。

③ 按传动带的截面形状分类：平带、V 带、多楔带、圆形带、同步带，如图 2 - 3 所示。

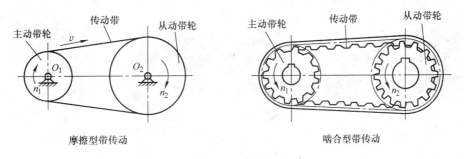

摩擦型带传动　　　　　　　　　啮合型带传动

图 2 - 2　带传动

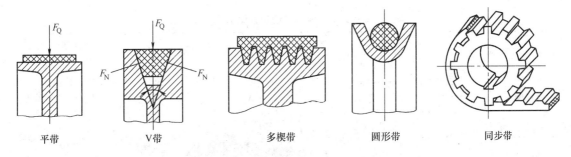

平带　　　　　V带　　　　　多楔带　　　　圆形带　　　　同步带

图 2 - 3　带传动的分类

3）带传动的特点和应用。

① 摩擦型带传动的优点：适用于中心距较大的传动；带具有弹性，能缓和冲击，吸收

振动，传动平稳，无噪声；过载时，带与带轮会出现打滑，此时传动虽然不能正常进行，但可防止其他零件损坏，起到过载保护作用；结构简单，维护方便，无需润滑，且制造和安装精度要求不高，成本低廉。

② 摩擦型带传动的缺点：由于带的弹性滑动，不能保证准确的传动比；传动效率较低，带的寿命较短；传动的外廓尺寸、带作用于轴上的压力等均较大；不适宜在高温、易燃及有油、水的场合使用。

啮合型带传动（同步带传动）除了保持摩擦型带传动的优点外，还具有传递功率大，传动比准确等特点，故多用于要求传动平稳、传动精度较高的场合。其主要缺点是制造、安装精度要求较高，成本高。

摩擦型带传动一般适用于中小功率、无需保证准确传动比和传动平稳的远距离传动。在多级减速传动装置中，带传动通常置于与电动机相连的高速级。其中 V 带传动应用最为广泛，一般允许的带速 $v = 5 \sim 25\text{m/s}$，传动比 $i \leqslant 7$，传动效率 $\eta = 0.90 \sim 0.95$。

（2）带传动的工作原理　在带传动工作过程中，主动轮的旋转通过带与带轮接触面之间的摩擦力（或啮合力）驱使从动轮转动，从而完成运动和动力的传递。

2. 平带传动的特点和主要参数

（1）平带传动的特点　平带的截面为矩形，其工作面是与轮面相接触的内表面。常用的有橡胶平带、帆布芯平带、皮革带、棉布带和化纤带等，其中橡胶平带和帆布芯平带最为常用，如图 2-4 所示。

平带传动多用于中心距较大或速度较高的场合。

平带传动的组成　　　　　　橡胶平带　　　　　　帆布芯平带

图 2-4　平带传动

（2）平带传动的常用形式　平带传动的常见形式见表 2-1。

表 2-1　平带传动的常见形式

传动形式	简　图	图　例	工作特点
开口传动		开口式	两轴平行，转向相同，可双向传动。带只受单方向弯曲，寿命高
交叉传动		交叉式	两轴平行，转向相反，可双向传动。带受附加扭转，且在交叉处磨损严重

（续）

传动形式	简　图	图　例	工作特点
半交叉传动		半交叉式	两轴交错，只能单向传动。带受附加扭转，带轮要有足够的宽度

（3）平带的接头形式　平带一般是按照需要截取长度，然后用接头连接成环形，常见的接头形式见表2-2。

表2-2　平带常见的接头形式、特点及应用

种　类	简　图	特点及应用
粘结接头		接头平滑、可靠、连接强度高，可用于高速、大功率及有张紧轮的传动
带扣接头		连接迅速方便，其端部被削弱，运转中有冲击；可用于经常改接的中小功率的传动中（带扣接头 $v < 20 \text{m/s}$，铁丝钩接头 $v < 25 \text{m/s}$）
螺栓接头		连接方便，接头强度高，只能单面传动，用于 $v < 10 \text{m/s}$ 的大功率胶帆布平带传动

 任务实施

1. 确定平带传动的长度

在图2-1中，已知主动轴与从动轴间的中心距 $a = 480 \text{mm}$，从动带轮直径 $d_1 = 50 \text{mm}$，主动带轮直径 $d_2 = 180 \text{mm}$，则带长的计算公式如下

$$L = 2a + \frac{\pi}{2}(d_2 + d_1) + \frac{(d_2 - d_1)^2}{4a} = 2 \times 480 + \frac{\pi}{2}(180 + 50) + \frac{(180 - 50)^2}{4 \times 480} = 1329.9 (\text{mm})$$

将计算出的理论长度加上接头量、悬垂量等圆整成标准长度，取长度为1350mm。

2. 选择接头方式

本任务可以考虑用粘结法连接平带的接头。粘结前将带的两端削成斜面，斜面的长度约为带厚度的 20～25 倍，在斜面上涂上粘结剂，将涂有粘结剂的部分搭接后压紧，待自然干燥后即可使用，如图 2-5 所示。

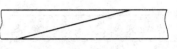

图 2-5　平带的接头

3. 安装平带

将平带首先套入小带轮，然后用一字旋具撬起大带轮上方平带，旋转带轮即可使平带进入大带轮，旋转大带轮一侧电动机底座与机架之间的连接螺钉，使电动机连同带轮一起作水平方向移动，从而改变两带轮之间的中心距，使张紧力增大或减小，调整至合适张紧度，如图 2-6 所示。

 知识拓展（带的弹性滑动与打滑）

1. 带的弹性滑动

传动带是弹性体，受力后要产生弹性变形，伸长量随拉力的变化而变化，从而导致弹性滑动现象。如图 2-7 所示，带自 A 点绕上主动轮时，此时带的速度与带轮表面的速度相等，但当带沿 $A \rightarrow B$ 继续前进时，带的拉力由 F_1 降到 F_2，所以带的拉伸弹性变形也相应减小，即带在缩短，带的速度落后于带轮，两者之间产生了相对滑动。同样在从动轮也存在滑动现象，带绕上从动轮时，带与轮速度相同，当带沿 $C \rightarrow D$ 前进方向运动时，带被拉长，带的速度超过带轮，这种由于带的弹性变形而产生的带与带轮间的滑动叫弹性滑动。

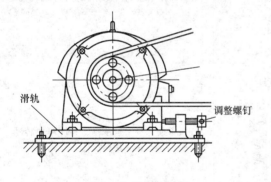

图 2-6　平带的张紧

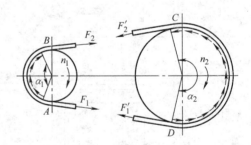

图 2-7　带传动受力分析

弹性滑动是由拉力差引起的，只要传递圆周力，就必然会有弹性滑动，弹性滑动是不可避免的。

2. 打滑

当带传递的圆周力超过带与带轮表面之间的极限摩擦力的总和时，带与带轮表面之间将发生显著的相对滑动，称为打滑。带传动由弹性滑动发展到"打滑"，标志着带传动的失效，这是不允许的。因此，带传动的设计依据就是根据不产生打滑现象条件下的最大拖动能力来计算的。打滑是由于过载所引起的带在带轮上的全面滑动，打滑可以避免，而弹性滑动不能避免。对于开式传动，带在大带轮上的包角总是大于小带轮上的包角，所以打滑总是先在小带轮上开始。

1. 选择题

（1）摩擦型带传动不能保证固定传动比，其原因为_____。

A. 带容易变形和磨损　　　　　　　B. 带在带轮上打滑

C. 带的弹性滑动　　　　　　　　　D. 带的材料不遵守胡克定律

（2）带传动的设计准则是_____。

A. 保证带传动时，带不被拉断

B. 保证带传动在不打滑的条件下，带不磨损

C. 保证带不打滑且具有足够的疲劳强度

D. 保证带传动不打滑、不产生弹性滑动

2. 判断题

（1）带传动是通过带与带轮之间的摩擦力来传递运动和动力的。　　　　（　　）

（2）两带轮基准直径之差越大，则小带轮的包角 α_1 也越大。　　　　（　　）

3. 简答题

（1）带传动中，打滑是怎样产生的？是否可以避免？

（2）带传动的工作原理和传动特点有哪些？在多级传动中为什么常将其放到高速级？

（3）带传动的弹性滑动与打滑有何区别？

（4）平带传动的传动比为什么不能过大？

任务 2　认识 V 带传动

知识目标：

　　1. V 带的结构特点和普通 V 带的标记。

　　2. V 带传动的主要参数。

　　3. V 带传动的张紧方法。

技能目标：

　　1. 了解 V 带的结构和标记方法，并熟悉普通 V 带的标准。

　　2. 掌握 V 带传动中传动比、包角、带长等参数的计算方法。

　　3. 掌握 V 带传动的安装与维护。

　　4. 掌握 V 带传动的张紧。

任务描述

　　如图 2-8 所示为某卧式车床主传动系统图，其中电动机与主轴箱动力连接采用 V 带传动，试分析 V 带传动设计的主要内容。

任务分析

在掌握 V 带的结构、型号、V 带基准长度，V 带轮的结构、材料，V 带传动的特点等理论知识的基础上，对带进行选择、安装与维护。

相关知识

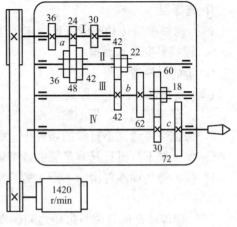

图 2 - 8　卧式车床主传动系统

1. V 带的结构与标准

（1）普通 V 带的结构　常用 V 带截面结构分为帘布和线绳结构两类，如图 2 - 9 所示，由顶胶、承载层、底胶和包布层四部分组成。包布的材料是帆布，是 V 带的保护层；顶胶和底胶的材料是橡胶，顶胶可以被拉伸，底胶可以被压缩；承载层主要承受拉力。

帘布结构的 V 带承载层由 2 ~ 10 层布贴合而成，由于层数较多，带体较硬，工作中经多次弯曲与拉直，容易使带发热或脱层损坏；线绳结构的 V 带承载层只有一层线绳，带体比较柔软，适用于带轮直径较小的传动，其拉断强度较帘布结构低，目前国产 V 带仍以帘布结构为主。

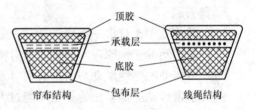

图 2 - 9　V 带的截面结构

（2）普通 V 带的标准　V 带已标准化，常用 V 带主要有普通 V 带、窄 V 带、宽 V 带、半宽 V 带等，它们的楔角 θ 均为 40°，通常普通 V 带应用最广泛。

我国国家标准 GB/T 11544—1997 规定普通 V 带有 Y、Z、A、B、C、D、E 七种型号，线绳结构只有 Z、A、B、C 四种型号，截面尺寸见表 2 - 3。

表 2 - 3　普通 V 带尺寸（摘自 GB/T 11544—1997）

型号	Y	Z	A	B	C	D	E	截面形状
节宽 b/mm	5.3	8.5	11.0	14.0	19.0	27.0	32.0	
顶宽 b_{p}/mm	6.0	10.0	13.0	17.0	22.0	32.0	38.0	
高度 h/mm	4.0	6.0	8.0	11.0	14.0	19.0	25.0	
质量 q/(kg/m)	0.02	0.06	0.10	0.17	0.30	0.62	0.90	
楔角 θ/(°)				40				

（3）V 带的基准长度 L_{d}　V 带是一种无接头的环形带，V 带在规定的张紧力下，长度和宽度均保持不变的纤维层称为中性层，沿中性层量得的长度叫节线长度 L_{d}，又称基准长度或公称长度，其长度系列见表 2 - 4。

表 2-4　普通 V 带基准长度 L_d 和带长修正系数 K_L（摘自 GB/T 11544—1997）　　（单位：mm）

L_d	K_L			L_d	K_L					L_d	K_L				
	Y	Z	A		Z	A	B	C	D		A	B	C	D	E
200	0.81			900	1.03	0.87	0.82			4000	1.19	1.13	1.02	0.91	
224	0.82			1000	1.06	0.89	0.84			4500		1.15	1.04	0.93	0.90
250	0.84			1120	1.08	0.91	0.86			5000		1.18	1.07	0.96	0.92
280	0.87			1250	1.11	0.93	0.88			5600		1.20	1.09	0.98	0.95
315	0.89			1400	1.14	0.96	0.90			6300			1.12	1.00	0.97
355	0.92			1600	1.16	0.99	0.92	0.83		7100			1.15	1.03	1.00
400	0.96	0.87		1800	1.18	1.01	0.95	0.86		8000			1.18	1.06	1.02
450	1.00	0.89		2000		1.03	0.98	0.88		9000			1.21	1.08	1.05
500	1.02	0.91		2240		1.06	1.00	0.91		10000			1.23	1.11	1.07
560		0.94		2500		1.09	1.03	0.93		11200				1.14	1.10
630		0.96	0.81	2800		1.11	1.05	0.95	0.83	12500				1.17	1.12
710		0.99	0.83	3150		1.13	1.07	0.97	0.86	14000				1.20	1.15
800		1.00	0.85	3550		1.17	1.09	0.99	0.89	16000				1.22	1.18

V 带的标记由型号、基准长度和标准编号等三部分组成，例如：

标记为：B 1600 GB/T 11544

表示：B 型 V 带，基准长度为 1600mm

2. 普通 V 带传动的主要参数

（1）V 带带轮的基准直径　　如图 2-10 所示，带轮直径小，整个传动装置结构紧凑。但弯曲应力增大，容易疲劳断裂，带的寿命降低。设计时带轮直径不宜过小。可根据 V 带型号由表 2-5 选择小带轮的基准直径，并符合表中的直径系列。

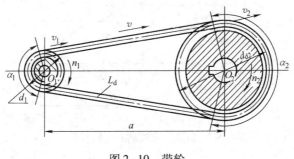

图 2-10　带轮

表 2-5　普通 V 带质量 q、V 带轮最小基准直径及带轮直径系列

V 带型号		Y	Z	A	B	C	D	E
单位长度质量 $q/(\text{kg/m})$		0.04	0.06	0.1	0.17	0.30	0.60	0.87
$d_{\min}/\text{mm}$		20	50	75	125	200	355	500
推荐直径/mm		≥28	≥71	≥100	≥140	≥200	≥355	≥500
常用 V 带轮直径系列/mm	Z	50, 56, 63, 71, 75, 80, 90, 100, 112, 125, 140, 150, 160, 180, 200, 224, 250, 280, 315, 355, 400, 500, 560, 630						
	A	75, 80, 90, 100, 112, 125, 140, 150, 160, 180, 200, 224, 250, 280, 315, 355, 400, 450, 500, 560, 630, 710, 800						
	B	125, 140, 150, 160, 180, 200, 224, 250, 280, 315, 355, 400, 450, 500, 560, 630, 710, 800, 1000, 1120						
	C	200, 210, 224, 236, 250, 280, 300, 355, 400, 450, 500, 560, 600, 630, 710, 750, 800, 900, 1000, 1120, 1250, 1400, 1600, 2000						

（2）小带轮的包角　带对带轮的接触弧对应的中心角称包角 α_1，如图 2-11 所示。包角直接影响带传动的承载能力，小轮的包角过小则容易产生打滑。为了保证一定的传动能力，小带轮上的包角不得小于 120°。若不满足此条件，可适当增大中心距或减小两带轮的直径差。小带轮上的包角可按下式计算：

$$\alpha_1 = 180° - \frac{d_{d2} - d_{d1}}{a} \times 57.3° \tag{2-1}$$

式中　d_{d1}——小带轮的基准直径（mm）；

　　　d_{d2}——大带轮的基准直径（mm）。

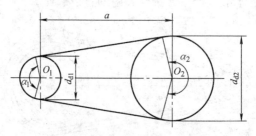

图 2-11　V 带传动的几何计算

（3）V 带传动的传动比　传动比就是主动带轮转速 n_1 与从动带轮转速 n_2 之比。如果不计带与带轮间的弹性滑动因素的影响，那么

$$i = \frac{n_1}{n_2} = \frac{d_{d2}}{d_{d1}} \qquad (2\text{-}2)$$

式中　n_1——主动轮的转速（r/min）；

　　　n_2——从动轮的转速（r/min）。

普通 V 带传动的传动比 $i \leqslant 7$，常用 2～5。

（4）V 带的基准长度　V 带传动中，带的基准长度 L_{d0} 按设计中心距 a_0 进行计算

$$L_{d0} = 2a_0 + \frac{\pi}{2}(d_{d1} + d_{d2}) + \frac{(d_{d2} - d_{d1})^2}{4a_0} \qquad (2\text{-}3)$$

计算确定基准长度 L_{d0} 后，按表 2-4 规定系列确定普通 V 带的标准长度 L_d。

（5）中心距　传动中心距 a 最大值受安装空间的限制，而最小值则受最小包角的限制。若结构布置已有要求，则中心距 a 按结构确定。若中心距没有限定，可按下式初定中心距 a_0

$$0.7(d_{d1} + d_{d2}) < a_0 < 2(d_{d1} + d_{d2}) \qquad (2\text{-}4)$$

然后利用式（2-3）初定带的基准长度 L_{d0}，再从表 2-4 中选取相近的普通 V 带的标准长度 L_d。因选取的 L_d 可能大于或小于 L_{d0}，所以应将初定的中心距 a_0 加以修改。为了简化计算，实际中心距 a 值可近似按下式确定

$$a \approx a_0 + \frac{L_d - L_{d0}}{2} \qquad (2\text{-}5)$$

（6）带速　带速计算公式为

$$v = \frac{\pi d_{d1} n_1}{60 \times 1000} \qquad (2\text{-}6)$$

式中　v——V 带的带速（m/s）；

　　　n_1——小带轮的转速（r/min）；

　　　d_{d1}——小带轮的直径（mm）。

带速一般控制在 5m/s $\leqslant v \leqslant$ 25m/s 范围内，最佳带速 $v = 20$～25m/s。

由式（2-6）可以看出：如果带速 v 太小，由 $P = F_t v$ 可知，传递同样功率 P 时，圆周力 F_t 太大，需要带的根数就多；若带速 v 太大，则离心力太大，带与带轮的正压力减小，摩擦力下降，传递载荷能力下降，传递同样载荷时所需张紧力增加，导致带的寿命下降，这时采取的措施应该是减小 d_{d1}，否则会使 V 带寿命太短。如 v 不合适，则应重选小带轮直径 d_{d1}。

3. 普通 V 带传动的正确使用

（1）V 带传动的安装与维护

1）V 带传动的安装见表 2-6。

表 2-6　V 带传动的安装

序　号	图　例	安装要求
1	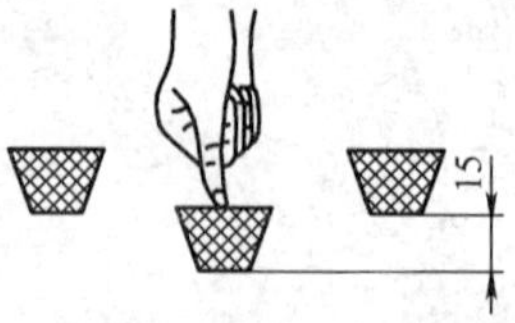	安装 V 带时应缩小中心距后套入，再慢慢调整中心距，使带达到合适的张紧程度，用大拇指将带按下 15mm 左右，则张紧程度合适
2	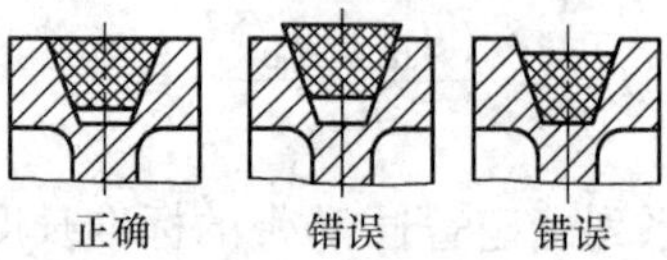 　　正确　　错误　　错误	V 带在轮槽中应有正确的位置，带和带轮槽的型号应匹配，以保证 V 带与轮槽的工作面充分接触
3	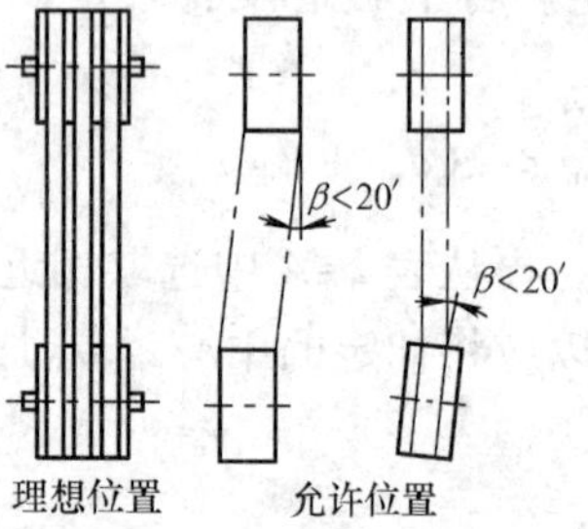 　　理想位置　　允许位置	安装 V 带轮时，两带轮轴线应相互平行，两轮轮槽的对称平面应重合，其偏角误差应小于 20′

2）V 带传动的维护见表 2-7。

表 2-7　V 带传动的维护

序　号	维护内容
1	带传动装置外面应加装防护罩，以保证安全，防止带与酸、碱或油接触而腐蚀带
2	带传动无需润滑，禁止往带上加润滑油或润滑脂，及时清理带轮槽内及带上的污物
3	定期检查胶带，如有一根松弛或损坏应更换全部胶带
4	带传动时工作温度应不超过 60℃
5	如果因闲置一段时间传动装置不用，应将传动带放松

（2）V 带传动的张紧装置　和平带传动一样，为保证 V 带的正常工作，需要定期检查或重新张紧，以恢复和保持必需的张紧力，保证带传动具有足够的传动能力。常用的张紧方式有调整中心距与使用张紧轮两种。

1）调整中心距。定期调整中心距恢复带的张紧力，见表 2-8。

表 2-8　调整中心距张紧法

张紧方式	定期张紧（调节螺栓增大中心距）		自动张紧
图例	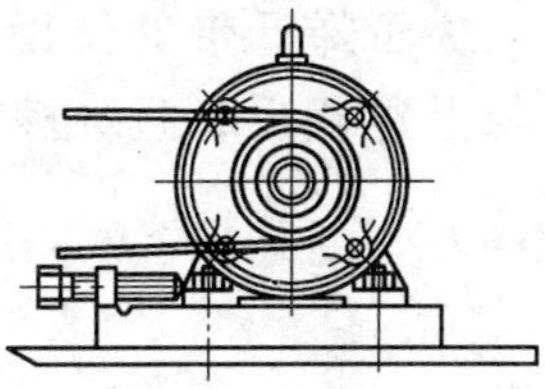	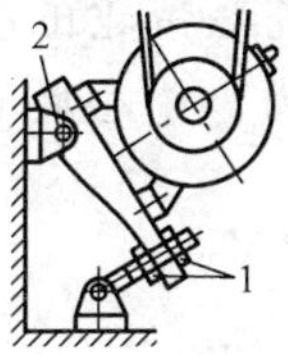	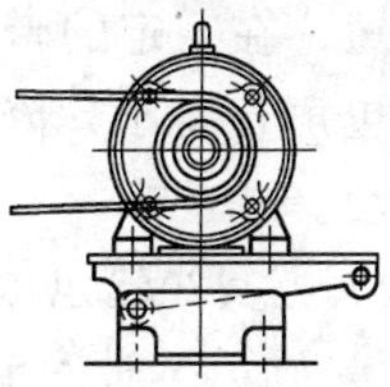
适用范围	适用于两轴线水平或接近水平的传动	适用于两轴线相对安装支架垂直或接近垂直的传动	靠电动机及摆架的重力使电动机绕小轴摆动实现自动张紧，适用于小功率传动

2）采用张紧轮。若传动的轴间距不可调整，可采用张紧轮，见表 2-9。

表 2-9　张紧轮张紧法

张紧方式	定期调节张紧轮	自动张紧轮
图例	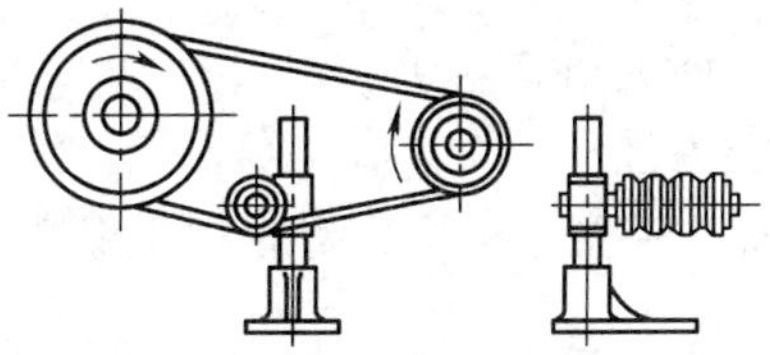	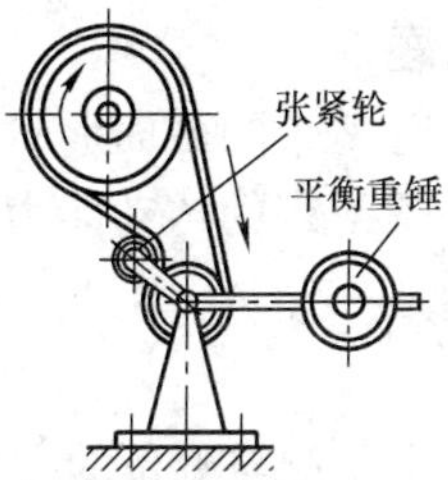
适用范围	张紧轮置于松边内侧且靠近大轮处，保证小带轮有较大包角。适用于 V 带固定中心距	利用平衡锤使张紧轮张紧带，平带传动时，张紧轮安放在平带松边外侧，并靠近小带轮处，这样可增大小带轮包角。适用于平带传动

任务实施

V 带传动设计的主要内容包括：

（1）已知条件　设计 V 带传动时，一般已知条件有传动的用途和工作情况、传递的功率、主动轮和从动轮的转速、传动对外廓尺寸的要求等。

（2）设计方法及步骤

1）计算设计功率 P_d

$$P_d = K_A P \qquad (2-7)$$

式中　P_d——设计功率（kW）；

P——所需传动的功率（kW）；

K_A——工作情况系数，可查阅《机械设计手册》。

2）选择带的型号。普通 V 带的带型根据传动的设计功率 P_d 和小带轮的转速 n_1 查表选取。

3）确定带轮的基准直径。

4）检验带速。

5）确定中心距 a 和带的基准长度 L_d。带传动的中心距小，则结构紧凑，但带长相应也短，在一定的带速下，带绕经带轮的次数增多，从而降低带的使用寿命，同时小带轮包角 α 变小，降低传动能力；中心距过大，则与上述相反，且高速时，易引起带的颤动。

6）验算小轮包角。

7）确定 V 带的根数。

8）计算初拉力 F_0。初拉力的大小是保证带传动正常工作的重要因素。若初拉力 F_0 过大，将增大对轴和轴承的压力，并降低带的寿命；若初拉力过小，带与带轮间摩擦力过小，易发生打滑。

9）作用在轴上的载荷。为了设计支撑带轮的轴和轴承，需先按相关公式确定带传动作用在轴上的载荷 F_Q。

10）V 带轮的设计。

🔍 考试要点

1. 判断题

（1）普通 V 带的截面形状是三角形，两侧面夹角 $\theta = 40°$。　　　　　（　）

（2）普通 V 带的传动能力比平带的传动能力强。　　　　　（　）

（3）在 Y、Z、A、B、C、D、E 七种普通 V 带型号中，Y 型的截面积最大，E 型的截面积最小。　　　　　（　）

（4）为了制造与测量的方便，普通 V 带以带的内周长作为基准长度。　　　　　（　）

（5）普通 V 带的基准直径是指带轮上通过普通 V 带横截面中性层的直径。　　　　　（　）

（6）在普通 V 带传动中，若发现个别带不能使用，应立刻更换不能使用的 V 带，其他 V 带可以继续使用。　　　　　（　）

2. 选择题

（1）V 带的型号和_____，都压印在带的外表面，以供识别与选用。

A. 内周长度　　　　　　B. 基准长度　　　　　　C. 标准长度

（2）安装 V 带时，带的松紧要适度，通常以大拇指能按下_____左右为宜。

A. 5mm　　　　　　　B. 15mm　　　　　　　C. 30mm

（3）为使 V 带的两侧面在工作时与轮槽紧密接触，轮槽角 θ 应_____V 带楔角。

A. 大于　　　　　　　B. 略小于　　　　　　C. 等于

（4）在带传动中，当传递的功率一定时，若带速降低，则传递的圆周力就_____，就容易发生打滑。

A. 减小　　　　　　　B. 明显地减小　　　　　C. 增大

（5）普通 V 带的材料通常是根据_____来选择的。

A. 功率　　　　　　　B. 带速　　　　　　　C. 圆周力

（6）带速合理的范围通常控制在_____。

A. 5~25m/s　　　　　B. 12~15m/s　　　　　C. 15~50m/s

（7）设计 V 带传动时，为防止＿＿＿＿＿＿，应限制小带轮的最小直径。

A. 带内的弯曲成力过大　　　　　　　　B. 小带轮上的包角过小

C. 带的离心力过大　　　　　　　　　　D. 带的长度过长

（8）带传动中，采用张紧轮的目的是＿＿＿＿＿。

A. 减轻带的弹性滑动　　　　　　　　　B. 提高带的寿命

C. 改变带的运动方向　　　　　　　　　D. 调节带的初拉力

（9）普通 V 带的型号选择取决于＿＿＿＿＿。

A. 带速　　　　　　　　　　　　　　　B. 带传递的功率和小轮转速

C. 带的有效拉力　　　　　　　　　　　D. 带的初拉力

3. 简答题

（1）设计 V 带传动时，为什么要限制小带轮的最小直径 d_{min}？

（2）带传动为什么必须张紧？常用的张紧装置有哪些？

（3）带传动安装、调整、使用及维护时有哪些注意事项？

任务 3　认识链传动

知识目标：

1. 了解链传动的组成、工作原理及应用特点。

2. 理解链的标记方法。

技能目标：

掌握链传动传动比的计算方法。

任务描述

　　链传动是利用链与链轮之间的啮合来传递运动和动力的，链传动属于具有中间挠性件的啮合传动。图 2 - 12 所示为摩托车、自行车的实物图，它怎样通过链传动来实现增速的目的？如何计算传动比？除此之外，链传动还应用于轻工、石油化工、矿山、农业、运输起重、机床等机械传动中。

摩托车

自行车

图 2 - 12　链传动应用实例

任务分析

首先掌握链传动的组成、工作原理，了解链传动的应用特点类型，才能准确地计算传动比。

相关知识

1. 链传动的概述

（1）链传动的组成及工作原理 链传动是以链条作为中间挠性件，通过链条与链轮齿间的不断啮合和脱开而传递运动和动力的，它属于啮合传动，它兼有齿轮传动和带传动的特点。如图 2-13 所示，链传动由主动链轮 1、从动链轮 2 和一条闭合的链条 3 组成。

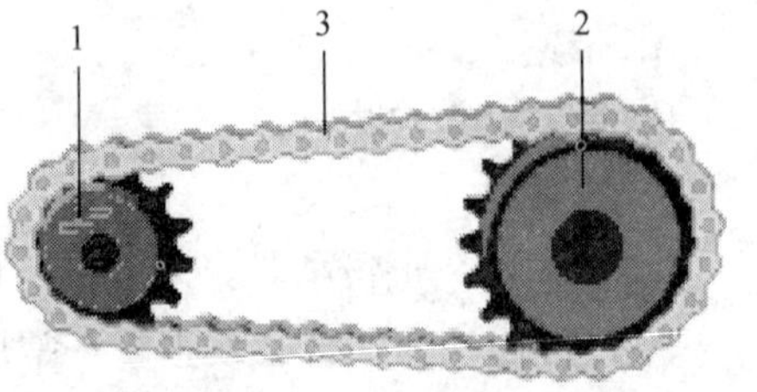

（2）链传动的应用特点

1）链传动的链节是多边形运动，所以瞬时传动比是变化的，无弹性滑动和打滑现象，能得到准确的平均传动比。

2）张紧力小，故对轴的压力小。

3）传动效率高，可达 98%。

4）能在低速、重载和高温、油污、潮湿等恶劣环境下工作。

5）磨损后易发生脱链，不适于受空间限制要求中心距小及急速反向传动的场合，可用于中心距较大的场合。

图 2-13 链传动
1—主动链轮　2—从动链轮　3—链条

2. 链传动的常用类型、特点及应用（表 2-10）

表 2-10　常用链传动的类型、特点及应用

类型	用途	图示	特点
传动链	主要传递运动和动力，也可输送物品		1. 能保证准确的平均传动比 2. 传递功率大，且张紧力小，作用在轴和轴承上的力小 3. 传动效率高 4. 能在极其恶劣的环境下工作 5. 能用一根链条同时带动几根彼此平行的轴传动
输送链	用于输送工件、物品和材料	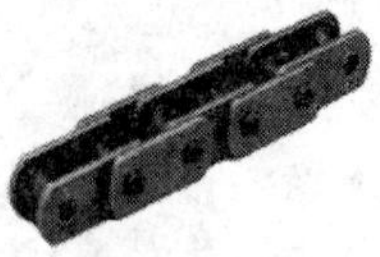	6. 由于链节的多边形运动，所以瞬时动比是变化的，不宜用在要求精密的传动机械上 7. 安装和维护要求高 8. 链条的铰链磨损后，链条节距变大，传动中链条易脱落
曳引起重链	用以传递力，起牵引、悬挂物品作用，兼作缓慢运动		9. 无过载保护作用

在一般机械传动中，常用的是传动链，下面仅讨论传动链。

传动链的常用类型。传动链的结构主要有套筒滚子链和齿形链两种。

1）套筒滚子链（简称滚子链）。滚子链的结构、接头、特点及标记见表 2 - 11。

表 2 - 11　滚子链的结构、接头、特点及标记

分类	滚子链有单排链、双排链、多排链。多排链的承载能力与排数成正比，但由于精度的影响，各排的载荷不易均匀，故排数不宜过多，一般不超过 4 排
	单排滚子链　　　　双排滚子链　　　　三排滚子链
结构简图	销轴　滚子　套筒　内链板　外链板
	内链板与套筒、外链板与销轴间均为过盈配合；套筒与销轴、滚子与套筒间均为间隙配合
接头形式	链条的长度用链节数表示，一般选用偶数链节，这样链的接头处可采用开口销或弹簧卡片来固定。若链节数为奇数，则需采用过渡链节，此时过渡链节的链板受到附加弯矩作用，其强度仅为正常链节的 80% 左右，所以一般情况下不宜采用
	开口销　　　　弹簧卡　　　　过渡链节
特点	传动平稳性较差，有一定的冲击和噪声
标记方法	我国目前使用的滚子链的标准为 GB/T 1243—2006，分为 A、B 两个系列，常用的是 A 系列滚子链的标记方法为：链号—排数—链节数—标准代号 例如：08A—1×88 GB/T1243　表示：A 系列、节距 12.7mm、单排、88 节的滚子链 节距（指链条上相邻两销轴中心的距离）是链传动的重要参数。节距 p 越大，链的各部分尺寸和重量也越大，承载能力越高

2）齿形链。齿形链又称无声链，由许多冲压而成的齿形链板铰接而成。齿形链的分类、特点及应用见表 2 - 12。

表 2 - 12　齿形链的分类、特点及应用

齿形链齿形	齿形链板的链板两工作侧面间的夹角为60°，工作时链板侧边与链轮齿廓相啮合 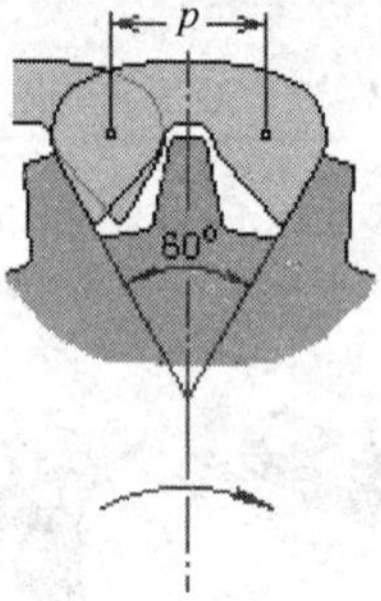
分类 （按齿形链导向板）	为避免啮合时掉链，链条应有导向板（分为内导式和外导式）  内导式 　　　　　　　　　　外导式
分类 （按齿形链铰链形式） 相邻链节的链板左右错开排列，并用销轴、滚柱或轴瓦将链板连接起来	圆销式：孔板与销轴之间为间隙配合，加工简便 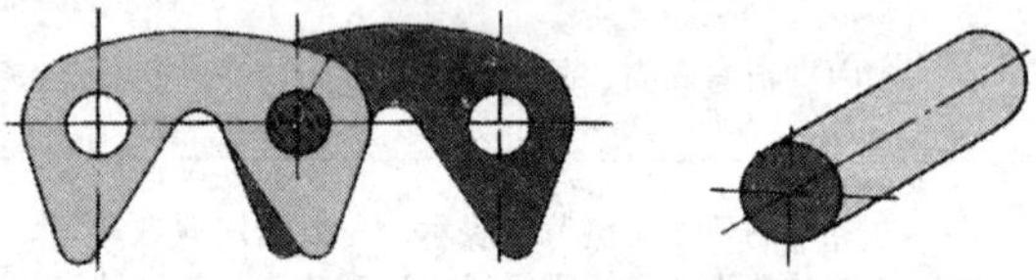 滚柱式：可减少摩擦和磨损，效果较轴瓦式好 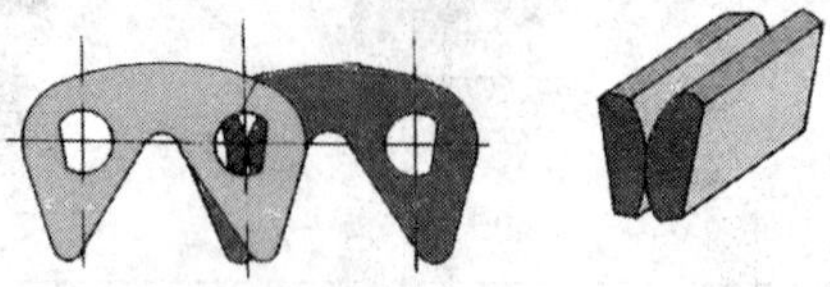 轴瓦式：由于衬瓦与销轴为内接触，故压强低、磨损小 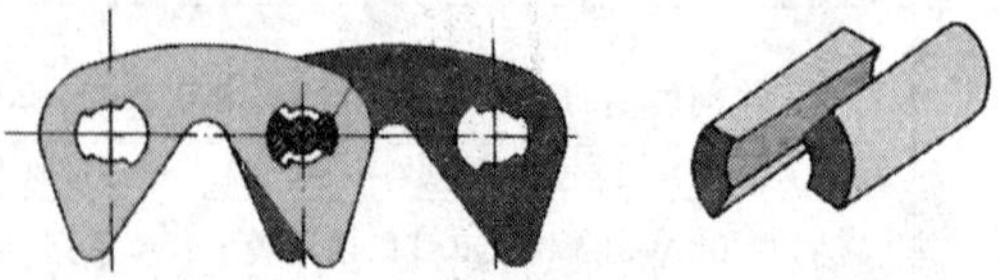
特点	与滚子链相比，齿形链具有工作平稳、噪声较小、允许链速较高、承受冲击载荷能力较好和轮齿受力较均匀等优点；但结构复杂、装拆困难、价格较高、重量较大并且对安装和维护的要求也较高
应用	没有滚子链应用广泛，多用于高速（链速可达40m/s）或运动精度要求较高的传动，如电梯

任务实施

链传动的传动比。在链传动中，两轮间的运动关系是借助链条而实现的齿对齿的传动。当主动轮转过一个齿时，链条就移动一个链节，从而带动从动链轮也转过一个齿。

链传动的传动比就是主动链轮 1 的转速 n_1 与从动链轮 2 的转速 n_2 的比值，也等于两齿轮齿数 z_1 和 z_2 的反比，即

$$i = \frac{n_1}{n_2} = \frac{z_2}{z_1}$$

由上式可见转速与齿数成反比，所以可通过链轮齿数的变化来控制链速，链传动的传动比 $i \leqslant 8$。

摩托车、自行车采用的链传动均是主动链轮尺寸大，从动链轮尺寸小，根据转速与齿数成反比，正好可以实现增速传动。

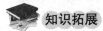 **知识拓展**

链传动的润滑。链传动有良好的润滑时，可以缓和冲击，减少磨损，提高工作能力和传动效率，延长使用寿命。链传动的润滑方式在选择链型号的同时，从功率曲线图上选定。如不能按功率曲线图上推荐的润滑方式润滑，则将会大大缩短链的使用寿命。

润滑的方式有多种形式，需要时可查有关资料。不管采用何种润滑方式，润滑油应加在松边上，因为松边链节松弛，润滑油容易流到需要润滑的一些缝隙表面。

链传动常加装防护罩或链条箱。开式链传动，应定期拆下链条清洗，干燥后让铰链缝隙充满润滑油，再装复使用。

考试要点

1. 填空

（1）链传动主要由 _____、_____、_____ 组成，通过链轮轮齿与链条的 _____ 来传递 _____ 和 _____。

（2）链传动按用途可分为 _____、_____、_____。

（3）滚子链是标准件，其标记由 _____、_____、_____ 和 _____ 四部分组成。

2. 判断

（1）链传动属于啮合传动，所以瞬时传动比恒定。　　　　　　　　　　（　　）

（2）链传动的承载能力与链排数成反比。　　　　　　　　　　　　　　（　　）

（3）当传递功率较大时，可采用多排链的链传动。　　　　　　　　　　（　　）

（4）齿形链的内、外链板呈左右交错排列。　　　　　　　　　　　　　（　　）

单元4 渐开线齿轮传动

4

任务1 认识齿轮传动

> **知识目标：**
> 1. 了解齿轮传动的类型和特点。
> 2. 理解渐开线的形成、性质。
>
> **技能目标：**
> 　理解齿轮传动的应用和啮合特性，能够计算齿轮的传动比。

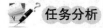 **任务描述**

　　如图 2-14 所示的减速器中，主动齿轮齿数 $z_1 = 20$，从动齿轮的齿数 $z_2 = 50$，主动齿轮转速 $n_1 = 1000\text{r/min}$，试计算传动比 i 和从动齿轮转速 n_2。

任务分析

图 2-14　减速器内部结构

　　齿轮传动是现代各类机械传动中应用最广泛、最主要的一种传动，在工程机械、冶金机械以及各类机床中都应用着齿轮传动，如图2-14所示减速器的内部结构，它通过齿轮传动来实现减速的目的。齿轮传动突出的特点是传动比的恒定，无论任何瞬时传动，传动比都完全准确。首先要掌握齿轮传动的类型、应用特点，了解渐开线的形成性质，才能理解齿轮传动的啮合特性、工作原理，准确计算传动比。

相关知识

1. 齿轮传动的类型及应用特点

（1）齿轮传动的类型　　齿轮传动是利用齿轮副来传递运动和（或）动力的一种机械传动。齿轮传动的类型很多，根据齿轮传动轴线的相对位置，可将齿轮传动分为两类，即平面齿轮传动（两轴平行）与空间齿轮传动（两轴不平行），见表 2-13。

表 2-13　齿轮传动的分类及应用

分类			图例	应用
平面齿轮传动	按齿轮形状分	直齿圆柱齿轮		标准直齿圆柱齿轮模数 >1mm，压力角 $\alpha = 20°$，受力方向是径向，例如直齿轮减速器，车床传动齿轮等
		斜齿圆柱齿轮		斜齿圆柱齿轮传动比直齿圆柱齿轮传动的重合度大，承载能力更强，传动更平稳。与直齿圆柱齿轮相比更适合于高速、重载的重要传动
		人字齿圆柱齿轮	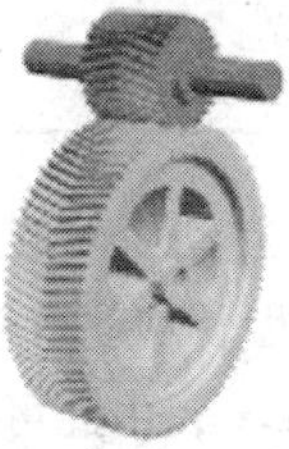	人字齿轮具有承载能力高、传动平稳和轴承载荷小等一系列优点，在重型机械的传动系统中获得了广泛的应用
	按啮合形式分	外啮合		由两个外齿轮相啮合，两轮的转向相反，多用于外啮合齿轮泵、车床各级轴之间传动等
		内啮合	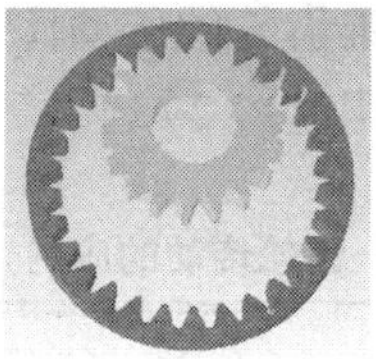	由一个内齿轮和一个小的外齿轮相啮合，两轮的转向相同，多用于需要同向转动的两轴之间的连接。例如内啮合齿轮辅助泵等
		齿轮齿条		齿条也分直齿齿条和斜齿齿条，分别与直齿圆柱齿轮和斜齿圆柱齿轮配对使用。例如齿条齿轮千斤顶，齿轮齿条钻机，齿轮齿条活塞执行机构等

（续）

分类		图例	应用
空间齿轮传动	圆锥形齿轮		锥齿轮传动是用来传递空间两相交轴之间运动和动力的一种齿轮机构，其轮齿分布在截圆锥体上，齿形从大端到小端逐渐变小
	准双曲面齿轮		准双曲面齿轮是一种特殊的锥齿轮，与普通锥齿轮相比，其重叠系数大、传动平稳、冲击和噪声小，在汽车主减速器中得到广泛的应用。具有降低汽车的重心、承载能力高和寿命长等优点
	交错轴斜齿轮		交错轴斜齿轮可以传递既不平行又不相交的两轴之间的运动和动力而被广泛应用。如交错轴齿轮减速器等

（2）齿轮传动比　在一对齿轮传动中，主动齿轮的齿数为 z_1，转速为 n_1，从动齿轮的齿数为 z_2，转速为 n_2，主动齿轮每转过一个齿，从动齿轮也转过一个齿，单位时间内主动齿轮与从动齿轮转过的齿数应相等，即 $n_1 z_1 = n_2 z_2$，由此可得齿轮传动的传动比为

$$i_{12} = \frac{n_1}{n_2} = \frac{z_2}{z_1}$$

式中　n_1、n_2——主动齿轮和从动齿轮的转速（r/min）；

z_1、z_2——主动齿轮和从动齿轮的齿数。

上式说明：齿轮传动的传动比是主动齿轮转速 n_1 与从动齿轮转速 n_2 之比，与两齿轮的齿数成反比。一对齿轮的传动比不宜过大，否则会使结构尺寸过大，不利于制造和安装。通常一对圆柱齿轮的传动比 $i_{12} = 5 \sim 8$，一对锥齿轮的传动比 $i_{12} = 3 \sim 5$。

（3）齿轮传动的应用　齿轮传动的应用见表 2 - 14。

表 2 - 14　齿轮传动的应用

优　点	缺　点
能保证瞬时传动比的恒定，平稳性较高、传递运动准确可靠	工作中有振动、冲击、噪声
传递功率速度范围较大	不能实现无级变速
结构紧凑，工作可靠	齿轮安装要求较高
传动效率高，使用寿命长	不适于中心距较大的场合

2. 渐开线齿廓

（1）渐开线的形成与性质　如图 2 - 15 所示，在平面上，一条动直线 AB 沿着一个固定的圆（基圆半径为 r_b）作纯滚动，此动直线 AB 上任意一点 K 的运动轨迹 CK 称为该圆的渐开线，与渐开线作纯滚动的圆称为基圆。r_b 为基圆半径，直线 AB 称为发生线。渐开线的性质见表 2 - 15。

以渐开线为齿廓曲线的齿轮称为渐开线齿轮，同一基圆的两条相反（对称）的渐开线组成的齿轮称为渐开线齿轮，如图 2 - 16 所示。

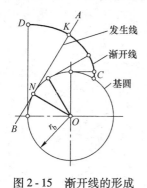

图 2 - 15　渐开线的形成

图 2 - 16　渐开线齿轮

表 2 - 15　渐开线的性质

性质	说明
发生线在基圆上滚过的线段长 $\overline{NK}$ 等于基圆上被滚过的一段弧长 $\overset{\frown}{NC}$	因为是纯滚动而无滑动，所以 $\overline{NK} = \overset{\frown}{NC}$
渐开线上任意一点 K 的法线 NK 必切于基圆	发生线上的 NK 一定与渐开线上 K 点处的切线相垂直，所以 NK 是渐开线上 K 点的法线。又因为发生线上的 NK 是与基圆相切的，所以渐开线上任意点的法线必与基圆相切
渐开线上各点的曲率半径不相等	NK 为渐开线上 K 点的曲率半径，K 点离基圆越远，其曲率半径越大、曲率越小，渐开线越趋于平直。反之则曲率半径越小，曲率越大，渐开线越弯曲。基圆上点的曲率半径为零
渐开线的形状取决于基圆的大小	基圆相同，渐开线形状完全相同。基圆越小，渐开线越弯曲；基圆越大，渐开线越趋于平直。当基圆半径趋于无穷大时，渐开线形成一直线，则齿轮成为齿条
同一基圆形成的任意两条反向渐开线间的公法线长度处相等	公法线长度是指两异侧齿面相切的两平行平面间的距离，在切点上公法线是两异侧齿面的法线，又是齿轮基圆的切线
基圆内无渐开线	发生线是在基圆（发生圆）上作滚动，所以基圆内无渐开线
渐开线上各点压力角不相等，越远离基圆压力角越大，基圆上的压力角等于零	压力角是作用力方向与运动方向的夹角，渐开线齿廓在不同半径处的压力角是不同的，国家标准规定齿轮分度圆上的压力角 $\alpha = 20°$

（2）渐开线的啮合特性　如图2-17所示为一对渐开线齿廓在任意点K啮合，K称为啮合点。过K点作两齿廓的公法线N_1N_2，根据渐开线性质该公法线就是两基圆的公切线，当两齿廓转到K'点啮合时，过K'点所作公法线也是两基圆的公切线。因此，不论齿轮在哪一点啮合，啮合点总是在这条公法线上，故该公法线也称为啮合线。该线与连心线O_1O_2的交点C是一固定点称为节点，分别以轮心O_1、O_2为圆心，以O_1C、O_2C为半径所作的两个相切的圆称为节圆，过节点C作两节圆的公切线tt（即C点处的运动方向）与啮合线N_1N_2所夹的锐角α称为啮合角，只有齿轮啮合时才产生节点、节圆和啮合角，单个齿轮不存在节点、节圆和啮合角。

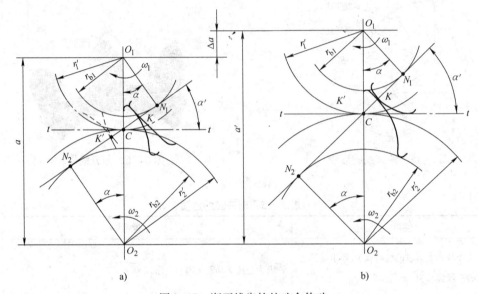

图2-17　渐开线齿轮的啮合传动

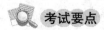 **任务实施**

传动比和从动轮转速的计算见表2-16。

表2-16　传动比和从动轮转速的计算

名称	代号	应用公式	主动轮	从动轮
传动比	i	$i_{12}=z_2/z_1$	$i_{12}=z_2/z_1=50/20=2.5$	$i_{12}=z_2/z_1=50/20=2.5$
转速	n_2	$i_{12}=n_1/n_2$		$n_2=n_1/i_{12}=1000/2.5=400$（r/min）

考试要点

1. 填空

（1）齿轮传动属于啮合传动，由于齿轮齿廓曲线较特殊，因而传动比_____，传动_____、_____。

（2）齿轮传动按啮合方式分为_____和_____。

（3）齿轮传动按齿轮啮向不同分为_____、_____、_____和_____等。

（4）目前绝大多数齿轮采用的是_____齿廓。

（5）取两条对称渐开线上的一段作齿轮的_____，这样的齿轮就叫渐开线齿轮。

（6）渐开线不会在_____产生。

2. 判断题

（1）离基圆越远，渐开线上的压力角越大。　　　　　　　　　　　（　　）

（2）基圆以内有渐开线。　　　　　　　　　　　　　　　　　　　（　　）

3. 选择题

（1）渐开线上各点压力角不相等，基圆上压力角（　　）零。

A. 大于　　　　　　　　　B. 等于　　　　　　　　　C. 不等于

（2）齿轮传动能够保证准确的（　　），传动平稳、工作可靠性高。

A. 平均传动比　　　　　　B. 瞬时传动比　　　　　　C. 传动比

任务 2　认识标准直齿圆柱齿轮传动

知识目标：

直齿圆柱齿轮各部分名称、基本参数。

技能目标：

能够计算直齿圆柱齿轮传动的几何尺寸。

任务描述

齿轮传动的类型虽然很多，但直齿圆柱齿轮传动机构是最简单、最基本的一种，也是应用最广泛的一种。如图 2-18 所示为单级直齿圆柱齿轮减速器，已知主动轮的齿顶圆直径 $d_{a1} = 44\text{mm}$，主动轮齿数 $z_1 = 20$，求该齿轮的模数 m。如需配一个从动齿轮，要求传动比 $i_{12} = 3.5$，试计算从动齿轮的几何尺寸及两齿轮的中心距。

任务分析

首先了解齿轮传动的各部分名称、基本参数才能准确计算齿轮的几何尺寸。

图 2-18　单级直齿圆柱齿轮减速器

相关知识

1. 直齿圆柱齿轮各几何尺寸的名称

图 2-19 为直齿圆柱齿轮的一部分，其各部分名称见表 2-17。

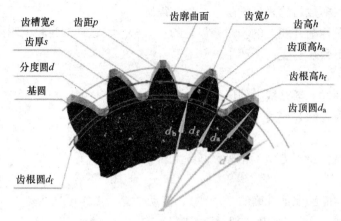

图 2 - 19　渐开线直齿圆柱齿轮的几何要素

表 2 - 17　标准直齿圆柱齿轮各部分名称

名称	定义
端平面	在圆柱齿轮上，垂直于齿轮轴线的表面
齿顶圆 d_a	齿顶圆柱面与端平面的交线
齿根圆 d_f	齿根圆柱面与端平面的交线
分度圆 d	分度圆柱面与端平面的交线
齿厚 s	在端平面上，一个齿的两侧端面齿廓之间的分度圆的弧长
齿槽宽 e	在端平面上，一个齿槽的两侧齿廓之间的分度圆弧长
齿距 p	两个相邻而同侧的端面齿廓之间的分度圆弧长
齿顶高 h_a	齿顶圆与分度圆之间的径向距离
齿根高 h_f	齿根圆与分度圆之间的径向距离
齿高 h	齿顶圆与齿根圆之间的径向距离
齿宽 b	齿轮的有齿部位沿分度圆柱面的直母线方向测量的宽度
中心距 a	一对啮合齿轮的两轴线之间的最短距离

2. 直齿圆柱齿轮的主要参数

（1）齿数 z　一个齿轮的轮齿总数，用 z 表示，当模数一定时齿数越多齿轮的几何尺寸越大。

（2）模数 m　齿距 p 与圆周率 π 的商数称为模数，用 m 表示，即 $m = p/\pi$，单位为 mm。模数是齿轮的基本参数，齿数相等，模数越大，齿轮的尺寸越大，承载能力越强。分度圆直径相等的齿轮，模数越大，承载能力也越强，如图 2 - 20 所示。渐开线圆柱齿轮标准模数系列见表 2 - 18。

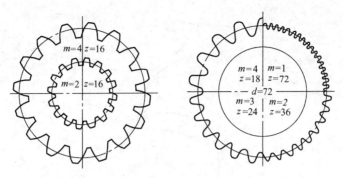

图 2 - 20　模数大小和齿轮齿数的比较

表 2 - 18　标准模数系列（摘自 GB/T 1357—2008）　　　　　（单位：mm）

第一系列	1　1.25　1.5　2　2.5　3　4　5　6　8　10　12　16　20　25　32　40　50
第二系列	1.75　2.25　2.75　（3.25）　3.5　（3.75）　4.5　5.5　（6.5）　7　9　（11）　14　18　22　28　36　45

注：本表适用于渐开线圆柱齿轮。对斜齿轮则是指法向模数；选用模数时，应优先采用第一系列。

（3）压力角　压力角是齿轮的又一个重要的基本参数，就单个齿轮而言，在端平面上过端面齿廓上任意一点 K 处的径向直线与齿廓在该点处的切线所夹的锐角，也就是在齿轮传动中，齿廓曲线和分度圆交点处的速度方向与该点的法线方向（即力的作用线方向）所夹的锐角称为分度圆压力角，用 α 表示，显然 α_K 角越小，渐开线齿轮传动越省力。通常所说的压力角是指分度圆上的压力角。国家标准规定渐开线圆柱齿轮的压力角 α = 20°。渐开线圆柱齿轮分度圆上的压力角 α 的大小，可用下式表示

$$\cos\alpha = \frac{r_b}{r}$$

式中　α——分度圆的压力角（°）；

　　　r_b——基圆半径（mm）；

　　　r——分度圆半径（mm）。

分度圆上压力角的大小对齿轮的形状有影响。如图 2 - 21 所示，当分度圆半径 r 不变时，压力角减小，基圆半径 r_b 增大，轮齿的齿顶变宽，齿根变瘦，承载能力降低；压力角增大，基圆半径 r_b 减小，轮齿的齿顶变尖，齿根变厚，其承载能力增大，但传动较费力。综合考虑，我国标准规定渐开线圆柱齿轮分度圆上的压力角 α = 20°。也就是，采用渐开线上压力角为 20°左右的一段作为齿轮的齿廓曲线，而不是任意的渐开线。

（4）齿顶高系数　齿顶高与模数之比值称为齿顶高系数，用 h_a^* 表示，即 $h_a = h_a^* m$，我国标准规定 $h_a^* = 1$。

（5）顶隙系数　当一对齿轮啮合时，为使一个齿轮的齿顶与另一个齿轮槽底面相接处，齿轮的齿根高应大于齿顶高，即应留有一定的径向间隙，称为顶隙，用 c 表示。顶隙还可以贮存润滑油，有利于齿面的润滑。顶隙与模数之比值称为顶隙系数，用 c^* 表示，即 $c = c^* m$，国家标准规定标准齿轮 $c^* = 0.25$。

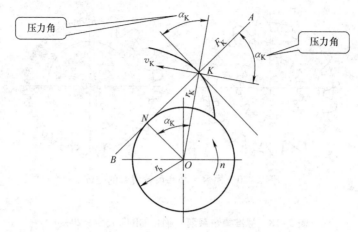

图2-21　齿轮轮齿的压力角

3. 标准直齿圆柱齿轮几何尺寸的计算

标准直齿圆柱齿轮是指采用标准模数 m，压力角 $\alpha = 20°$，齿顶高系数 $h_a^* = 1$，顶隙系数 $c^* = 0.25$，分度圆上的齿厚和槽宽相等，即 $s = e = \pi m/2$，简称标准直齿轮。标准直齿圆柱齿轮的几何尺寸按表2-19进行计算。

表2-19　标准直齿圆柱齿轮几何尺寸计算公式

名称	代号	公式	
		外齿轮	内齿轮
压力角	α	标准齿轮为20°	
齿数	z	通过传动比计算确定	
模数	m	通过计算或结构设计确定	
齿厚	s	$s = p/2 = \pi m/2$	
齿槽宽	e	$e = p/2 = \pi m/2$	
齿距	p	$p = \pi m$	
基圆齿距	p_b	$p_b = p\cos\alpha = \pi m\cos\alpha$	
齿顶高	h_a	$h_a = h_a^* m = m$	
齿根高	h_f	$h_f = (h_a^* + c^*)m = 1.25m$	
齿高	h	$h = h_a + h_f = 2.25m$	
分度圆直径	d	$d = mz$	
齿顶圆直径	d_a	$d_a = d + 2h_a = m(z + 2)$	$d_a = d - 2h_a = m(z - 2)$
齿根圆直径	d_f	$d_f = d - h_f = m(z - 2.5)$	$d_f = d + h_f = m(z + 2.5)$
标准中心距	a	$a = (d_1 + d_2)/2 = m(z_1 + z_2)/2$	$a = (d_1 - d_2)/2 = m(z_1 - z_2)/2$
基圆直径	d_b	$d_b = d\cos\alpha$	

注：内齿轮与外齿轮的齿顶圆直径、齿根圆直径、标准中心距的计算公式不同。

任务实施

根据表 2 - 19 计算出主动齿轮的模数和从动齿轮的几何尺寸，见表 2 - 20。

表 2 - 20　主动齿轮和从动齿轮各部分几何尺寸

名称	代号	应用公式	主动轮	从动轮
模数	m	$d_{a1} = d_1 + 2h_{a1} = m_1(z_1 + 2)$	$m_1 = \dfrac{44}{(20+2)} = 2$	$m_2 = 2$
齿数	z	$i_{12} = \dfrac{z_2}{z_1}$	$z_1 = 20$	$z_2 = i_{12}z_1 = 3.5 \times 20 = 70$
分度圆直径	d	$d_2 = m_2 z_2$		$d_2 = m_2 z_2 = 2 \times 70\text{mm} = 140\text{mm}$
齿顶圆直径	d_a	$d_{a2} = d_2 + 2h_{a2} = m_2(z_2 + 2)$		$d_{a2} = 2 \times (70 + 2)\text{mm} = 144\text{mm}$
齿根圆直径	d_f	$d_{f2} = d_2 - h_{f2} = m_2(z_2 - 2.5)$		$d_{f2} = 2 \times (70 - 2.5)\text{mm} = 135\text{mm}$
全齿高	h	$h_2 = h_{a2} + h_{f2} = 2.25m_2$		$h_2 = 2 \times 2.25\text{mm} = 4.5\text{mm}$

知识拓展

标准直齿圆柱齿轮有两种齿制：正常齿制 $h_a^* = 1$，$c^* = 0.25$；短齿制 $h_a^* = 0.8$，$c^* = 0.3$。不作特别说明时，均视为正常齿制齿轮。规定顶隙系数 c^* 是为了避免两齿轮啮合时，一个齿轮的齿顶与另一个齿轮的齿根相接触。

考试要点

1. 判断题

（1）不同齿数和模数的标准渐开线齿轮，其分度圆上的压力角也不同。　　　（　　）

（2）模数等于齿距除以圆周率的商，是一个没有单位的量。　　　　　　　（　　）

（3）国家标准规定：正常齿的齿顶高系数 $h_a^* = 1$。　　　　　　　　　（　　）

2. 计算题

（1）已知一对标准直齿圆柱齿轮传动，其传动比 $i_{12} = 2$，主动轮转速 $n_1 = 1000\text{r/min}$，中心距 $a = 300\text{mm}$，模数 $m = 4\text{mm}$，试求从动轮转速 n_2、齿数 z_1 及 z_2。

（2）一对外啮合标准直齿圆柱齿轮，已知齿距 $p = 9.42\text{mm}$，中心距 $a = 75\text{mm}$，传动比 $i = 1.5$，试计算两齿轮的模数及齿数。

任务3　认识其他类型齿轮传动

知识目标：

    1. 斜齿圆柱齿轮的传动特点、主要参数。

    2. 斜齿圆柱齿轮的正确啮合条件。

    3. 直齿锥齿轮正确啮合的条件和应用场合。

    4. 蜗杆传动的组成及应用特点。

技能目标：

    1. 掌握斜齿圆柱齿轮的正确啮合条件。

    2. 了解直齿锥齿轮正确啮合的条件。

    3. 了解蜗杆传动正确啮合的条件。

    4. 掌握蜗杆传动中，蜗轮回转方向的判定。

任务描述

    图 2 - 22 所示为减速器，因其具有运动平稳、噪声小、质量轻、使用寿命长、能改变运动方向等优点，广泛应用于冶金、运输、矿山等减速设备中。试分析该减速器中采用了哪些类型的齿轮传动。

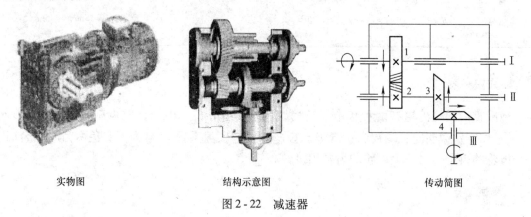

实物图　　　　　　　　　　结构示意图　　　　　　　　　　传动简图

图 2 - 22　减速器

任务分析

    在机械传动中，齿轮传动应用最为广泛，种类很多，除了常用的直齿圆柱齿轮传动以外，还有其他的齿轮传动形式，比如斜齿轮传动、锥齿轮传动、蜗杆传动、齿轮齿条传动等。这些齿轮传动有什么特点？其正确啮合的条件是什么？

相关知识

1. 斜齿圆柱齿轮传动

（1）斜齿圆柱齿轮传动的特点　一对直齿圆柱齿轮啮合传动时，由于轮齿平行于齿轮的轴线，在齿面上形成的接触线是平行于轴线的直线，所以全齿宽是同时进入啮合，又同时退出啮合，如图 2-23a 所示。当传递载荷时，轮齿开始啮合是突然承受载荷，退出啮合是突然卸掉载荷。因此传动平稳性差，容易产生冲击和噪声，且速度越高越显著。

一对斜齿圆柱齿轮啮合传动时，因为轮齿是倾斜的，齿廓是逐渐进入啮合，又逐渐退出啮合，所以在齿面上形成的接触线是倾斜的，且接触线由零逐渐增长，以后又逐渐缩短至零，如图 2-23b 所示。轮齿开始啮合时，整个轮齿不是突然承受载荷，退出啮合时也不是突然卸掉载荷。此外，当轮齿在 A 端开始啮合时，B 端尚未啮合，而当 A 端脱离啮合时，B 端还在啮合，后面的一对齿又进入啮合，所以同时啮合的齿数较多。因此，斜齿圆柱齿轮传动平稳，承载能力较大，适用于高速大功率传动。

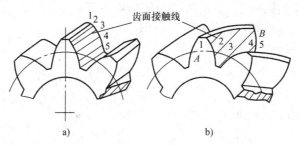

图 2-23　圆柱齿轮的齿面接触情况
a）直齿圆柱齿轮　b）斜齿圆柱齿轮

（2）斜齿圆柱齿轮的主要参数　由于斜齿轮的齿面为渐开螺旋面，故其端面齿形与法面（垂直于轮齿方向的截面）齿形是不同的，因此，端面和法面的参数也不同。斜齿轮切齿刀具的选择及轮齿的切制以法面为准，其法面参数取标准值。斜齿轮的几何尺寸计算却按端面参数进行，为此必须建立端面参数与法面参数之间的换算关系。

1）分度圆螺旋角 β 和基圆螺旋角 β_b。

斜齿轮分度圆柱螺旋线的切线与其轴线所夹的锐角称为分度圆柱螺旋角，简称分度圆螺旋角或螺旋角，用 β 表示。β 越大，重合度越大，传动越平稳，但轴向力增大，通常取 $\beta = 8° \sim 20°$。旋向可分为右旋和左旋两种，如图 2-24 所示。

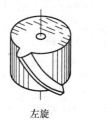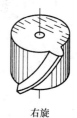

左旋　　　　　右旋

图 2-24　斜齿圆柱齿轮的旋向

2）模数。将斜齿轮沿分度圆柱面展成平面，如图 2-25 所示，图中阴影部分表示齿厚，空白部分表示齿槽。法面齿距 p_n 与端面齿距 p_t 的关系为

$$p_n = p_t \cos\beta \qquad (2-8)$$

将 $p_n = \pi m_n$，$p_t = \pi m_t$ 代入上式得，法面模数 m_n 与端面模数 m_t 的关系为

$$m_n = m_t \cos\beta \qquad (2-9)$$

3）压力角。图 2-26 表示斜齿轮法面和端面参数之间的关系，由图可知，法面压力角 α_n 和端面压力角 α_t 的关系为

$$\tan\alpha_n = \tan\alpha_t \cos\beta \qquad (2-10)$$

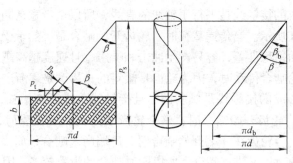

图 2 - 25　斜齿轮展开图

4）齿顶高系数和顶隙系数。不论从端面还是从法面来看，斜齿轮的齿顶高和齿根高都是相等的，即

$$h_{an}^* m_n = h_{at}^* m_t$$
$$c_n^* m_n = c_t^* m_t \qquad (2\text{-}11)$$

于是有

$$h_{at}^* = h_{an}^* \cos\beta$$
$$c_t^* = c_n^* \cos\beta \qquad (2\text{-}12)$$

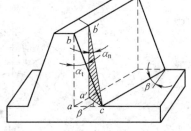

图 2 - 26　斜齿轮法面和端面关系图

斜齿轮的基本参数为法面模数 m_n、法面压力角 α_n、齿数 z、法面齿顶高系数 h_{an}^*、法面顶隙系数 c_n^* 和螺旋角 β。

标准斜齿圆柱齿轮几何尺寸计算公式见表 2 - 21。

表 2 - 21　外啮合标准斜齿圆柱齿轮主要几何尺寸计算公式

名　称		符　号	计算公式
基本参数	法面模数	m_n	按强度决定，按表 2 - 18 选取标准值
	法面压力角	α_n	选标准值 $\alpha_n = 20°$
	齿数	z	$z_1 \geqslant z_{min}$，$z_2 = iz_1$
	齿顶高系数	h_{an}^*	选标准值 $h_{an}^* = 1$
	顶隙系数	c_n^*	取标准值 $c_n^* = 0.25$
	分度圆柱螺旋角	β	一般取 $\beta = 8° \sim 20°$
几何尺寸	端面模数	m_t	$m_t = \dfrac{m_n}{\cos\beta}$
	分度圆直径	d	$d = m_t z = \dfrac{m_n z}{\cos\beta}$
	齿顶高	h_a	$h_a = h_{an}^* m_n$
	齿根高	h_f	$h_f = (h_{an}^* + c_n^*) m_n$
	齿高	h	$h = h_a + h_f = (2h_{an}^* + c_n^*) m_n$
	齿顶圆直径	d_a	$d_a = d + 2h_a = d + 2m_n$
	齿根圆直径	d_f	$d_f = d - 2h_f = d - 2.5m_n$
	标准中心距	a	$a = \dfrac{d_1 + d_2}{2} = \dfrac{m_n(z_1 + z_2)}{2\cos\beta}$

（3）斜齿圆柱齿轮正确啮合的条件　为保证斜齿轮正确啮合传动，除要求两轮的模数和压力角分别相等外，两轮的螺旋角也应相匹配，即螺旋角大小相等，旋向相同（内啮合）或相反（外啮合）。因此，一对外啮合斜齿圆柱齿轮的正确啮合条件是：

1）两齿轮的法面模数相等：$m_{n1} = m_{n2} = m_n$。

2）两齿轮的法面压力角相等：$\alpha_{n1} = \alpha_{n2} = \alpha_n$。

3）两轮分度圆上的螺旋角大小相等，旋向相反，即 $\beta_1 = -\beta_2$。

2. 直齿锥齿轮传动

（1）直齿锥齿轮的特点和应用场合　锥齿轮传动用于传递相交轴之间的运动和动力。两轴的夹角（轴间角Σ）可由工作要求确定，生产中广泛应用的是轴间角 $\Sigma = 90°$ 的锥齿轮传动。

如图 2-27 所示，锥齿轮的轮齿均匀分布在一个截锥体上，齿形从大端到小端逐渐收缩。锥齿轮的轮齿有直齿、斜齿和曲齿三种，本书只介绍直齿锥齿轮传动。

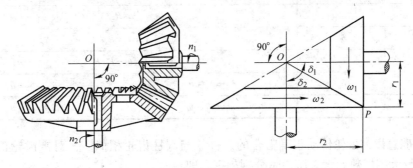

图 2-27　直齿锥齿轮传动

（2）标准直齿锥齿轮传动的主要参数及几何尺寸　为了计算和测量方便，直齿锥齿轮的主要参数和几何尺寸是以大端为依据的，即以大端的模数为标准值，压力角 $\alpha = 20°$，齿顶高系数 $h_a^* = 1$，顶隙系数 $c^* = 0.2$。

如图 2-28 所示为一对标准直齿锥齿轮传动，轴间角 $\Sigma = 90°$，其各部分名称及几何尺寸计算见表 2-22。

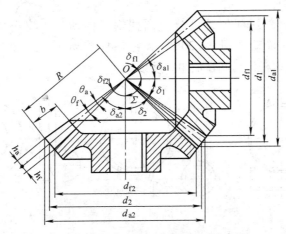

图 2-28　标准直齿锥齿轮传动的几何尺寸

表 2 - 22　标准直齿锥齿轮基本参数及几何尺寸计算公式（ $\Sigma = 90°$ ）

名　称	代　号	小齿轮	大齿轮
分锥角	δ	$\tan \delta_1 = z_1/z_2$	$\tan \delta_1 = z_1/z_2$
齿顶高	h_a	$h_a = h_a^* m = m$	
齿根高	h_f	$h_f = (h_a^* + c^*) = 1.2m$	
齿高	h	$h = h_a + h_f = 2.2m$	
分度圆直径	d	$d_1 = mz_1$	$d_2 = mz_2$
齿顶圆直径	d_a	$d_{a1} = d_1 + 2h_a \cos \delta_1$	$d_{a2} = d_2 + 2h_a \cos \delta_2$
齿根圆直径	d_f	$d_{f1} = d_1 - 2h_f \cos \delta_1$	$d_{f2} = d_2 - 2h_f \cos \delta_2$
外锥距	R_e	$R_e = \sqrt{\left(\dfrac{d_1}{2}\right)^2 + \left(\dfrac{d_2}{2}\right)^2} = \dfrac{m}{2}\sqrt{z_1^2 + z_2^2}$	
齿宽	b	$b \leqslant R_e/3$	
齿顶角	θ_a	$\tan \theta_a = h_a/R_e$	
齿根角	θ_f	$\tan \theta_f = h_f/R_e$	
顶锥角	δ_a	$\delta_{a1} = \delta_1 + \theta_a$	$\delta_{a2} = \delta_2 + \theta_a$
根锥角	δ_f	$\delta_{f1} = \delta_1 - \theta_f$	$\delta_{f2} = \delta_2 - \theta_f$

（3）标准直齿锥齿轮传动正确啮合的条件　与圆柱齿轮相似，一对锥齿轮正确啮合的条件为：两轮大端模数和大端压力角分别相等。即

$$m_1 = m_2 = m$$
$$\alpha_1 = \alpha_2 = \alpha$$

3. 蜗杆传动

（1）蜗杆传动的组成　蜗杆传动由蜗杆、蜗轮和机架组成，用于传递空间两交错轴间的运动和动力，通常轴交角为90°，如图 2 - 29 所示。一般情况下，蜗杆传动中蜗杆为主动件，蜗轮为从动件。

根据蜗杆形状不同，蜗杆传动可分为圆柱蜗杆传动（图2 - 30a）、环面蜗杆传动（图 2 - 30b）和锥蜗杆传动（图2 - 30c）。由于圆柱蜗杆传动制造简单，所以应用广泛。

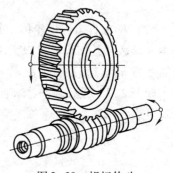

图 2 - 29　蜗杆传动

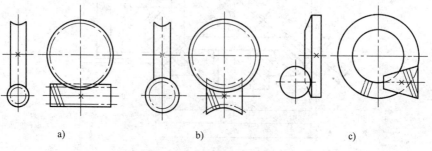

| a) | b) | c) |

图 2 - 30　蜗杆传动的类型

（2）蜗杆传动的应用特点

1）传动平稳。由于蜗杆的齿是连续的螺旋形齿，传动平稳，噪声小。

2）传动比大，结构紧凑。蜗杆的头数（线数）z_1 一般为 1、2、4、6，远小于蜗轮的齿数，在一般传动中，单级蜗杆传动的传动比 i 可达 10～40，最大可达 80，若只传递运动（如分度运动），其传动比可达 1000。

3）具有自锁性。当蜗杆的导程角很小时，蜗杆能带动蜗轮旋转，而蜗轮不能带动蜗杆（即自锁），可用于需要自锁的起重设备，如电动葫芦等。

4）效率低。蜗杆传动中，蜗轮齿沿蜗杆齿的螺旋线方向滑动速度大，摩擦剧烈，效率低，一般效率为 0.7～0.9，具有自锁性的蜗杆传动效率约为 0.4。

5）成本较高。为了减少蜗杆传动中的摩擦，控制发热和防止胶合，蜗轮常用减摩性好的青铜制造，材料价格高。

由上述特点可知，蜗杆传动适用于传动比大，传递功率不大，作间歇运动的机械上。

（3）蜗杆传动的主要参数 在蜗杆传动中，通过蜗杆轴线并与蜗轮轴线垂直的平面，称为中间平面（图 2-31）。在中间平面内，蜗杆的齿廓曲线为直线，与齿条相同；而与之相啮合的蜗轮的齿廓曲线为渐开线，因而蜗杆与蜗轮的啮合如同齿条与齿轮相啮合。蜗杆传动的基本参数和主要几何尺寸在中间平面内确定，并沿用渐开线圆柱齿轮传动的设计计算公式。

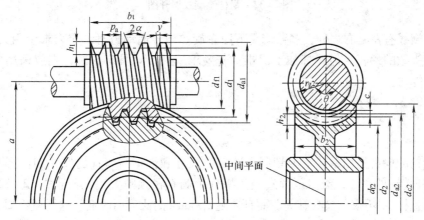

图 2-31 蜗杆传动的主要参数和几何尺寸

1）模数和压力角。蜗杆传动的基本参数及几何尺寸是以中间平面上的参数为准的。由于中间平面既是蜗杆的轴面，又是蜗轮的端面，因此规定在中间平面上蜗杆的轴向模数 m_{a1} 和压力角 α_{a1}、蜗轮的端面模数 m_{t2} 和压力角 α_{t2} 均为标准值。

要保证蜗轮与蜗杆正确啮合，应使蜗杆的轴向齿距 p_{a1} 与蜗轮的端面齿距 p_{t2} 相等，即应满足蜗杆轴向模数 m_{a1} 和压力角 α_{a1} 与蜗轮端面模数 m_{t2} 和压力角 α_{t2} 分别相等；除此之外，还应使蜗杆导程角 γ 与蜗轮的螺旋角 β_2 相等，且旋向相同。即圆柱蜗杆传动的正确啮合条件为

$$m_{a1} = m_{t2} = m$$
$$\alpha_{a1} = \alpha_{t2} = \alpha$$
$$\gamma = \beta_2$$

2）传动比、蜗杆头数和蜗轮齿数。设蜗杆头数为 z_1，蜗轮齿数为 z_2，当蜗杆转动一圈时，蜗轮将转过 z_1 个齿，即转过 z_1/z_2 圈，蜗杆传动的传动比则为

$$i = \frac{\omega_1}{\omega_2} = \frac{n_1}{n_2} = \frac{z_2}{z_1} \tag{2-13}$$

3）蜗杆分度圆直径 d_1 和导程角 γ。如图 2-32 所示，将蜗杆分度圆柱展开，其螺旋线与端面的夹角即为蜗杆分度圆柱上的螺旋线升角 γ，也称为螺旋线的导程角。由图可得蜗杆的导程为

$$L = z_1 p_{a1} = z_1 m$$

蜗杆分度圆柱上的螺旋线升角与导程的关系为

$$\tan\gamma = \frac{z_1 m_1}{d_1} \tag{2-14}$$

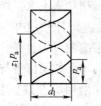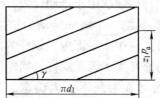

图 2-32　蜗杆螺旋线展开图

蜗杆螺旋线有左、右之分，多数情况下用右旋。当传递动力时，应力求使用大的 γ 值，即应选用多头数的蜗杆，但蜗杆加工困难。若要求蜗杆传动具有自锁，则应采用 γ 角小于 3.5°的蜗杆传动。

由式（2-31）可得

$$d_1 = \frac{z_1 m_1}{\tan\gamma} \tag{2-15}$$

通常蜗轮的轮齿是用蜗轮滚刀切制，滚刀的尺寸和齿形与蜗杆的尺寸和齿形基本相同（为保持蜗杆传动的顶隙，滚刀顶圆直径比蜗杆顶圆直径顶隙大）。分析式（2-32）可知，蜗杆分度圆直径 d_1 不仅与模数有关，而且还随 $z_1/\tan\gamma$ 的比值而改变，这样就需要无数多的刀具，很不经济。为了减少滚刀的数目，国家标准规定了蜗杆直径系列。

蜗杆分度圆直径 d_1 与模数 m 之比，称蜗杆直径系数，用 q 表示，即 $q = d_1/m$。由此得

$$d_1 = qm$$

因 m、d_1 均为标准值，导出的 q 值不一定为整数。

综上所述，蜗杆传动的基本参数为：m、α、z、d_1 及 $h_a^* = 1$、$c^* = 0.2$。

（4）蜗轮回转方向的判定　蜗轮的回转方向取决于蜗杆螺旋线旋向和蜗杆旋转方向，通常采用左、右手定则判定。若蜗杆为右旋，用右手握住蜗杆的轴线，四个手指顺着蜗杆的旋转方向，如图 2-33a 所示，则大拇指沿蜗杆轴线所指的反方向即为蜗轮啮合点处的线速度方向，根据啮合点处线速度方向即可确定蜗轮的转向。若蜗杆为左旋，则用左手按相同的方法判定，如 2-33b 所示。

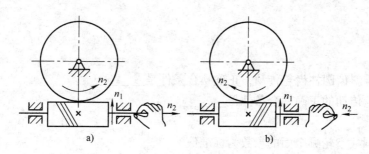

图 2-33 确定蜗轮的旋向

任务实施

分析图 2-22 所示的齿轮减速器，从输入轴 Ⅰ 到中间轴 Ⅱ，采用了一对斜齿轮啮合传动，齿轮 1 为左旋，齿轮 2 为右旋，两轴旋转方向相反；从中间轴 Ⅱ 到输出轴 Ⅲ 采用了一对锥齿轮啮合传动，使得轴 Ⅱ 绕水平轴线的转动，变为轴 Ⅲ 绕竖直轴线的转动，实现了运动形式的传递。

知识拓展（齿轮齿条传动）

如图 2-34 所示为某车床溜板箱传动系统，小齿轮 8 与齿条相互啮合，将齿轮的旋转运动，转化成溜板箱的往复直线运动。

1. 齿条

一个平板或直杆，当其具有一系列等距离分布的齿时，就称为齿条。齿条分为直齿条和斜齿条。

2. 齿轮齿条传动

齿轮齿条传动可以将齿轮的回转运动转变为齿条的往复直线运动，或者将齿条的往复直线运动转变为齿轮的回转运动。齿轮齿条传动如图 2-35 所示。

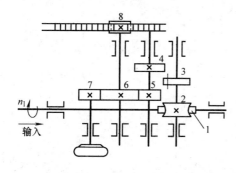

图 2-34 车床溜板箱传动系统

图 2-35 齿轮齿条传动

3. 齿轮齿条传动的啮合条件

1）齿轮和齿条的模数必须相等，$m_1 = m_2$。

2）齿轮分度圆上的压力角与齿条的压力角必须相等，$\alpha_1 = \alpha_2$。

考试要点

1. 填空题

（1）外啮合斜齿圆柱齿轮传动，正确啮合条件是_____。

（2）锥齿轮传动的正确啮合条件是_____。

2. 简答题

（1）斜齿圆柱齿轮哪个面的参数为标准值？

（2）蜗杆传动有哪些特点？适用于什么场合？

（3）轴交角 $\Sigma = 90°$ 的蜗杆传动，其正确啮合条件是什么？

（4）为什么斜齿轮圆柱齿轮传动的承载能力要比直齿圆柱齿轮传动的承载能力高？

3. 综合题

试判断图 2 - 36 蜗杆传动中蜗轮的转动方向（蜗杆为主动件，旋转方向如图所示）。

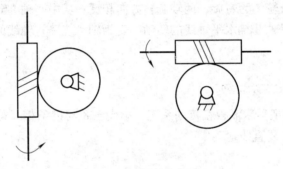

图 2 - 36　蜗轮旋向判断

单元 5　定轴轮系

5

任务1　认识定轴轮系的功用

知识目标：
  1. 轮系的概念、应用。
  2. 轮系的分类。
技能目标：
  能够理解轮系的应用特点。

任务描述

　　两个相互啮合的齿轮是齿轮传动最简单的形式。在实际应用中，为了获得变速、换向的要求常常要采用多对齿轮进行传动，如图2-37中首轮1到末轮6之间的传动，即主动轴到从动轴的传动，是通过上述各对齿轮依次传动完成的。这种由一系列相互啮合的齿轮组成的传动系统称为轮系。它属于哪种轮系，有什么特点？

图2-37　轮系传动简图
1—蜗杆　2—蜗轮　3、4—直齿锥齿轮　5、6—直齿圆柱齿轮

任务分析

　　首先了解轮系的定义、分类，才能准确掌握轮系在实际生产中的应用特点。

相关知识

轮系的分类：按轮系传动时各齿轮的几何轴线在空间的相对位置是否都固定，轮系可分为定轴轮系和周转轮系两大类，其中定轴轮系在工程中应用最为广泛。

定轴轮系的分类详见表 2 - 23。

表 2 - 23 定轴轮系的分类

分　类		结构特点	举　例
定 轴 轮 系	平面定轴轮系	各齿轮轴线均固定不动且相互平行（全部由圆柱齿轮传动组成的轮系）	
	空间定轴轮系	各齿轮轴线均固定不动但不平行（含锥齿轮传动、蜗杆传动等）	

 任务实施

定轴轮系的应用是十分广泛的，其应用特点可概括为以下几个方面，见表 2 - 24。

表 2 - 24 定轴轮系的应用特点

序　号	应用特点	说　明	举　例
1	可获得很大的传动比	用一对齿轮传动时，受结构的限制，传动比不能过大，一般传动比 $i_{max} \leqslant 8$，而采用轮系传动，可以获得很大的传动比，以满足低速工作的要求	
2	可做较远距离传动	当两轴中心距较大时，如用一对齿轮传动，则结构超大且小齿轮易坏，而采用轮系则可使其结构紧凑，并能进行远距离传动	
3	可实现变速要求	主动轴转速不变时，利用滑移齿轮滑移可使从动轴获得多种工作转速	

（续）

序　号	应用特点	说　明	举　例
4	可实现变向要求	主动轴转向不变时，利用轮系可改变从动轴回转方向，实现从动轴正、反转	

 知识拓展　（减速器的应用和类型）

　　减速器由封闭在箱体内的齿轮传动或蜗杆传动组成，常用在原动机与工作机之间作为减速的传动装置。由于减速器结构紧凑，效率高，使用、维护方便，因而在工业中应用广泛。减速器已作为独立的部件，由专业工厂成批生产，并已经系列化。常用减速器的类型有圆柱齿轮减速器、单级锥齿轮减速器、蜗杆减速器三种类型。

考试要点

1. 填空题

（1）由一系列相互啮合齿轮所构成的传动系统称为_____。

（2）按照轮系传动时各齿轮的轴线是否固定，轮系分为_____、_____和_____三大类。

（3）轮系中，既有定轴轮系又有行星轮系的称为_____。

2. 判断题

（1）轮系可以方便地实现变速要求，但不能实现变向要求。　　　（　　）

（2）采用轮系可以获得很大的传动比。　　　　　　　　　　　　（　　）

（3）轮系可以传递相距较远的两轴之间的运动，又可以获得很大的传动比。（　　）

任务2　定轴轮系及其传动比计算

知识目标：

　　1. 掌握定轴轮系中各轮转向的确定、传动路线的分析。

　　2. 了解惰轮的作用。

　　3. 掌握轮系中任意从动轮转速的计算。

技能目标：

　　能够计算轮系的传动比。

任务描述

如图 2-38 所示的平面定轴轮系，已知主动轮的转速 $n_1 = 100 \text{r/min}$，各齿轮的齿数 $z_1 = 20$，$z_2 = 54$，$z_{2'} = 15$，$z_3 = 80$，$z_{3'} = 18$，$z_4 = 18$，$z_5 = 20$，求总的传动比 i_{15}，并判断首末两轮的转向关系。

任务分析

理解定轴轮系中各轮转向的判断方法，惰轮的应用，分析传动路线，才能准确地计算定轴轮系的传动比。

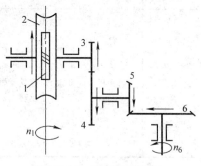

图 2-38　平面定轴轮系

 相关知识

在定轴轮系传动的分析过程中，不仅要计算轮系传动比的大小，还要判定其中各轴的旋转方向。

1. 图示法

一对齿轮传动，当首轮（或末轮）的转向为已知时，其末轮（或首轮）的转向也就确定了。直箭头示意法是用直箭头表示齿轮可见侧中点处的圆周运动方向，它们转动方向的直箭头总是同时指向或同时背离其啮合点，具体方法见表 2-25。

表 2-25　一对齿轮传动的转向及传动比的表示方法

类型	传动简图	转向及传动比的表示
圆柱齿轮啮合传动	外啮合圆柱齿轮传动	一对外啮合圆柱齿轮，主从动轮转向相反，画两个反向箭头。传动比公式取"-"，即 $$i_{12} = \frac{n_1}{n_2} = \frac{\omega_1}{\omega_2} = -\frac{z_2}{z_1} = (-1)^1 \frac{z_2}{z_1}$$
	内啮合圆柱齿轮传动	一对内啮合圆柱齿轮，主、从动轮转向相同，画两个同向箭头。传动比公式取"+"，即 $$i_{12} = \frac{n_1}{n_2} = \frac{\omega_1}{\omega_2} = (+1)^1 \frac{z_2}{z_1}$$

（续）

类型	传动简图	转向及传动比的表示
锥齿轮啮合传动	1 n_1 2	两箭头同时指向或同时背离啮合点
螺旋传动	Tr40×7LH	螺杆与螺母的转向用左、右手法则判定
蜗杆传动		蜗杆与蜗轮的转向用左、右手法则确定

2. 计算法

计算法只适用于平面定轴轮系旋转方向的判定，也可以通过数外啮合齿轮的对数来判定。

若 $(-1)^m > 0$，表示首末两轮转向相同（m 为偶数）；若 $(-1)^m < 0$，表示首末两轮转向相反（m 为奇数）。

定轴轮系的传动比是指轮系中首末两轮的角速度（或转速）之比，又等于各级齿轮传动的传动比的连乘积。

设 1 为轮系的首轮，K 为末轮，则该轮系的传动比为：

$$i_{1k} = \frac{\omega_1}{\omega_k} = \frac{n_1}{n_k} = i_{12} i_{34} i_{56} \cdots i_{k-1 k}$$

由此类推可得定轴轮系传动比的计算公式，见表 2-26。

表 2-26 定轴轮系传动比的计算公式

分　类	平面定轴轮系	空间定轴轮系
传动比的计算	$i_{1k} = \dfrac{n_1}{n_k} = (-1)^m \dfrac{\text{所有从动轮齿数连乘积}}{\text{所有主动轮齿数连乘积}}$ m 为轮系中所有外啮合圆柱齿轮的对数 各轮转向用 $(-1)^m$ 计算得到，亦可用图示法判断	$i_{1k} = \dfrac{n_1}{n_k} = \dfrac{\text{所有从动轮齿数连乘积}}{\text{所有主动轮齿数连乘积}}$ 各轮转向用图示法判断

 任务实施

根据传动比公式

$$i_{1k} = \frac{n_1}{n_k} = (-1)^m \frac{\text{所有从动轮齿数连乘积}}{\text{所有主动轮齿数连乘积}}$$

$$i_{15} = (-1)^3 \frac{z_2 z_3 z_4 z_5}{z_1 z_{2'} z_{3'} z_4} = -\frac{z_2 z_3 z_5}{z_1 z_{2'} z_{3'}} = -\frac{54 \times 80 \times 20}{20 \times 15 \times 18} = -16$$

"－"号表示首末两轮转向相反，所以5轮转向向下。

 知识拓展（惰轮的作用）

在传递运动和动力时仅仅起着传动的中间过渡和改变从动轮转向的作用，而不改变轮系总传动比大小的中间齿轮称之为惰轮。

一般齿轮起两个作用：变速、变向，而惰轮只起一个变向作用。

如图2-39中z_2齿轮惰轮，仅起改变从动轮转向的作用。规律：加奇数个惰轮，主从动轮转向一致；加偶数个惰轮，主从动轮转向相反。

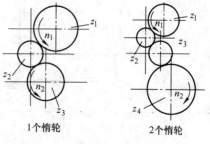

图2-39　惰轮对转向的影响

1个惰轮　　　2个惰轮

考试要点

计算题

（1）图2-40所示的轮系中，已知$n_1 = 100$r/min，各齿轮的齿数$z_1 = 20$，$z_2 = 18$，$z_3 = 28$，$z_4 = 20$，$z_5 = 60$，$z_6 = 18$，$z_7 = 40$，$z_8 = 28$，$z_9 = 42$，求i_{19}并判断各轮转向。

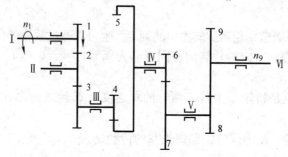

图2-40　定轴轮系

（2）如图2-41所示传动系统图，已知$n_1 = 1000$r/min，齿轮z_1的模数$m_1 = 2$，齿轮z_3的齿数为36，齿顶圆直径为$d_{a3} = 114$mm，轴Ⅰ与轴Ⅲ在同一轴心线上，且平行于轴Ⅱ，求主轴Ⅲ的转速。

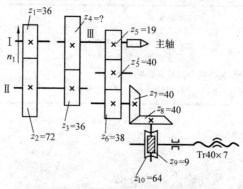

图2-41　末端是螺旋传动的定轴轮系

第 3 篇

常 用 机 构

单元6　平面连杆机构

6

任务1　认识铰链四杆机构

知识目标：
1. 铰链四杆机构的概念和组成。
2. 铰链四杆机构的基本类型及运动特征。

技能目标：
1. 了解铰链四杆机构的组成、分类和特点。
2. 掌握铰链四杆机构的三种基本类型及应用。

任务描述

图3-1a 所示为脚踏缝纫机示意图，图3-1b 所示为缝纫机的踏板机构运动简图。当我们有规律地脚踩缝纫机的踏板时，通过带轮和皮带就可以使缝纫机飞轮转动起来，从而带动缝纫机工作，缝纫机的踏板机构采用了哪种类型的运动机构呢？

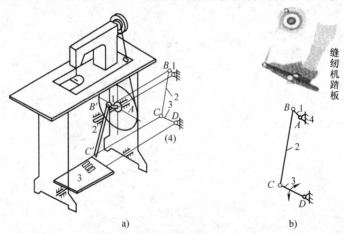

a)　　　　　　　　　　　　　b)

图3-1　缝纫机踏板机构

a）脚踏缝纫机示意图　b）缝纫机的踏板机构运动简图

1—曲柄　2—连杆　3—踏板　4—机架

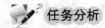 任务分析

在图 3-1b 所示的缝纫机踏板机构中，踏板 3、连杆 2、曲柄 1 和机架 4，四个构件通过铰链连接而构成了铰链四杆机构。构件间由一些刚性构件用转动副或移动副相互连接而组成的，在同一平面或相互平行平面内运动的机构称为平面连杆机构。最常见的平面连杆机构是具有四个构件（包括机架）的平面四杆机构，称为平面铰链四杆机构，简称铰链四杆机构。铰链四杆机构中的运动副是低副，因此铰链四杆机构是低副机构。

 相关知识

1. 铰链四杆机构的组成

在图 3-1b 所示的缝纫机踏板铰链四杆机构中，固定不动的构件（AD）称为机架，与机架直接相连的 AB 和 CD 称为连架杆，不与机架直接相连的杆件 BC 称为连杆。在两根连架杆中，因连架杆 AB 能作整周旋转运动，因此称其为曲柄，而另一根连架杆 CD（踏板 3）仅能在某一角度范围内摇摆，因此称它为摇杆。

2. 铰链四杆机构的分类及应用

根据两根连架杆运动形式的不同，铰链四杆机构可分为以下三种类型：曲柄摇杆机构、双曲柄机构和双摇杆机构。

1）曲柄摇杆机构。铰链四杆机构的两个连架杆中，其中一个是曲柄，另一个是摇杆的称为曲柄摇杆机构。曲柄摇杆机构应用实例及运动分析见表 3-1。

表 3-1　曲柄摇杆机构应用实例及运动分析

应用实例	机构简图	运动分析
搅拌机		搅拌机中主动曲柄 AB 连续回转时，通过连杆 BC 使从动摇杆 CD 往复摇动，从而完成搅拌动作
雷达天线俯仰角摆动机构		雷达天线俯仰角摆动机构中曲柄 1 转动，通过连杆 2，使固定在摇杆 3 上的天线作一定角度的摆动，以调整天线的俯仰角
汽车刮水器		主动曲柄 AB 回转，从动摇杆 CD 往复摆动，利用摇杆的延长部分实现刮水的动作

2）双曲柄机构。铰链四杆机构中两个连架杆均为曲柄的称为双曲柄机构。常见的双曲柄机构应用实例及运动分析见表3-2。

表3-2　双曲柄机构应用实例及运动分析

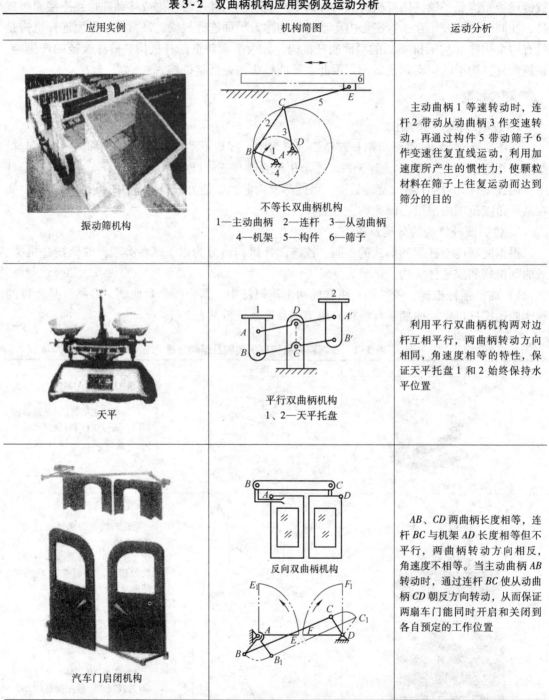

应用实例	机构简图	运动分析
振动筛机构	不等长双曲柄机构 1—主动曲柄　2—连杆　3—从动曲柄 4—机架　5—构件　6—筛子	主动曲柄1等速转动时，连杆2带动从动曲柄3作变速转动，再通过构件5带动筛子6作变速往复直线运动，利用加速度所产生的惯性力，使颗粒材料在筛子上往复运动而达到筛分的目的
天平	平行双曲柄机构 1、2—天平托盘	利用平行双曲柄机构两对边杆互相平行，两曲柄转动方向相同，角速度相等的特性，保证天平托盘1和2始终保持水平位置
汽车门启闭机构	反向双曲柄机构	AB、CD两曲柄长度相等，连杆BC与机架AD长度相等但不平行，两曲柄转动方向相反，角速度不相等。当主动曲柄AB转动时，通过连杆BC使从动曲柄CD朝反方向转动，从而保证两扇车门能同时开启和关闭到各自预定的工作位置

常见的双曲柄机构类型有不等长双曲柄机构（表3-2中的振动筛机构）、平行双曲柄机构（表3-2中的天平）和反向双曲柄机构（表3-2中汽车门启闭机构）。

3）双摇杆机构。铰链四杆机构中两个连架杆均为摇杆的称为双摇杆机构。双摇杆机构应用实例及运动分析见表3-3。

表3-3 双摇杆机构应用实例及运动分析

应用实例	机构简图	运动分析
 起重机机构	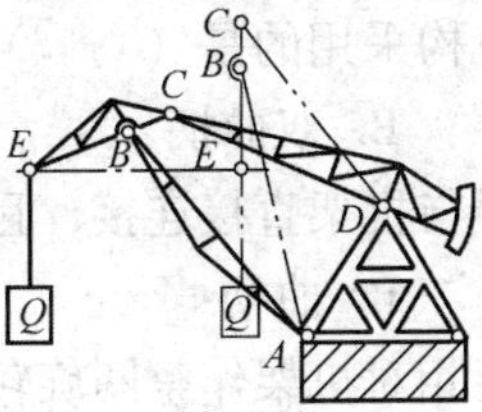 双摇杆机构 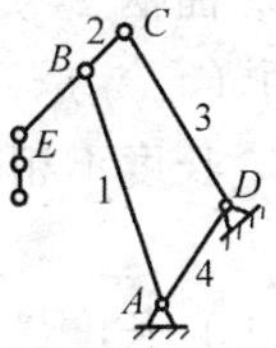 1、3—摇杆 2—连杆 4—机架	当摇杆1摆动时，摇杆3随之摆动，可使吊在连杆2上E点的重物Q作近似水平移动，这样可避免重物在平移时产生不必要的升降，减少能量的消耗
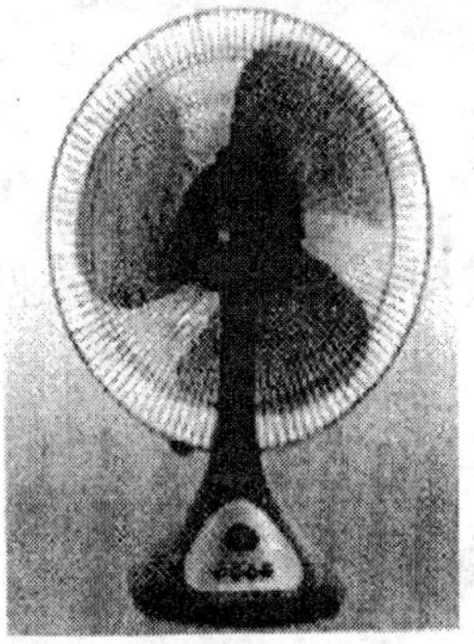 电风扇摇头机构	 双摇杆机构 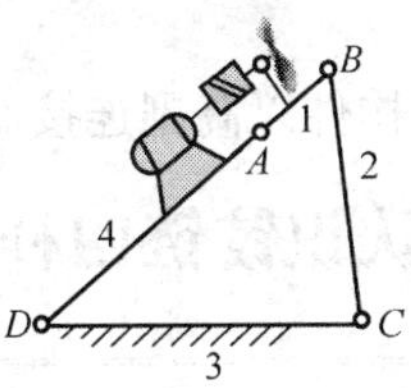 1—连杆 2、4—摇杆 3—机架	电动机固定在摇杆4上，铰链A处装有一个与连杆1固结成一体的蜗轮，蜗轮与电动机轴上的蜗杆相啮合。电动机转动时，通过蜗杆和蜗轮迫使连杆1绕点A作整周旋转。当主动件连杆AB转动时，带动两从动摇杆AD和BC作往复摆动，从而实现了风扇的摇头动作

 任务实施

在缝纫机的踏板机构中，踏板CD来回摇动，并通过连杆BC带动曲柄AB连续转动，曲柄带动其上的飞轮转动，通过圆带带动缝纫机工作。

知识拓展

在生产和实际生活中铰链四杆机构构件的形状是多种多样的，不一定是杆状，但从运动原理上来看，都可以用等效的杆状构件来代替。

铰链四杆机构中，不管是曲柄摇杆机构、双曲柄机构，还是双摇杆机构，都一定存在连杆，而且连杆是作平面运动的构件。

考试要点

1. 选择题

（1）铰链四杆机构中，各构件之间以（　　）相连接。

A. 转动副　　　　　　　　B. 移动副　　　　　　　　C. 螺旋副

（2）雷达天线俯仰角摆动机构采用的是（　　）机构。

A. 双摇杆　　　　　　　　B. 双曲柄　　　　　　　　C. 曲柄摇杆

（3）在铰链四杆机构中，不与机架直接连接，且作平面运动的杆件称为（　　）。

A. 摇杆　　　　　　　　　B. 曲柄　　　　　　　　　C. 连杆

（4）在铰链四杆机构中，能相对机架作整圈旋转的连架杆称为（　　）。

A. 摇杆　　　　　　　　　B. 曲柄　　　　　　　　　C. 连杆

（5）平行双曲柄机构中的两曲柄（　　）。

A. 长度相等，旋转方向相同　　B. 长度不相等，旋转方向相反

C. 长度相等，旋转方向相反

（6）不等长双曲柄机构中，（　　）长度最短。

A. 曲柄　　　　　　　　　B. 机架　　　　　　　　　C. 连杆

2. 填空题

（1）在铰链四杆机构中，固定不动的构件称为＿＿＿＿；作整周转动的杆件称为＿＿＿＿；作往复摆动的构件称为＿＿＿＿。

（2）铰链四杆机构的三种基本形式是＿＿＿＿、＿＿＿＿和＿＿＿＿。

3. 判断题

（1）在曲柄长度不相等的双曲柄机构中，主动曲柄作等速转动，从动曲柄作变速转动。　　　　　　　　　　　　　　　　　　　　　　　　　　　（　　）

（2）平面连杆机构是用若干构件以高副连接而成的机构。　　　　　　（　　）

任务2　认识铰链四杆机构的基本性质

知识目标：

　　1. 曲柄存在的条件。

　　2. 铰链四杆机构基本类型的判别方法。

　　3. 急回特性的概念。

　　4. 死点位置的概念。

　　5. 死点位置的利用和克服。

技能目标：

　　1. 掌握曲柄存在的条件。

　　2. 学会铰链四杆机构三种基本类型的判别方法。

　　3. 掌握急回特性的特点和应用。

　　4. 了解死点位置的利用和排除。

任务描述

图 3-2 所示为牛头刨床示意图，图 3-3 所示为牛头刨床主体机构运动简图。图 3-2 中电动机 3 通过带传动使小齿轮 4 带动大齿轮 1（曲柄）逆时针转动，大齿轮 1 的侧面利用销轴装有滑块 5，当滑块 5 随大齿轮 1 转动时，导杆 2 作往复摆动，使刀架 6 作往复直线移动，从而使刀架 6 上的刨刀产生刨削动作。那么刨刀切削时的切削速度和退刀时的回程速度是否相同呢？

任务分析

图 3-3 中牛头刨床由床身 1、导杆 3、曲柄（即齿轮）4、滑块 5 和滑枕 6 等构件组成。当滑枕左行时刨刀进行切削，要求滑枕的运动速度较低且平稳，以提高切削质量。滑枕右行时，刨刀返回不工作，要求滑枕的运动速度较高以便缩短时间，提高工作效率。

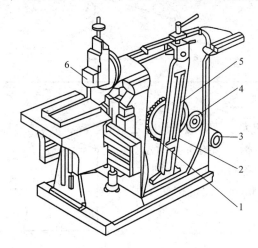

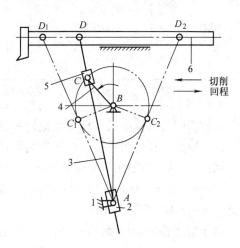

图 3-2　牛头刨床示意图
1—大齿轮　2—导杆　3—电动机
4—小齿轮　5—滑块　6—刀架

图 3-3　牛头刨床主体机构运动简图
1—床身　2、5—滑块
3—导杆　4—曲柄（即齿轮）　6—滑枕

相关知识

1. 曲柄存在的条件

曲柄是能作整圈旋转的连架杆，只有这种能作整圈旋转的构件才能用电动机等连续转动的装置来带动，所以，能作整圈旋转的构件在机构中具有重要的地位，也就是说曲柄是关键构件。

铰链四杆机构中是否存在曲柄，主要取决于机构中各杆的相对长度和机架的选择（详见知识拓展）。铰链四杆机构存在曲柄，必须同时满足以下两个条件：

1）最短杆与最长杆的长度之和小于或等于其他两杆长度之和。

2）连架杆和机架中必有一杆是最短杆。

根据曲柄存在的条件，可以推论出铰链四杆机构三种基本类型的判别方法，见表3-4。

表 3-4　铰链四杆机构三种基本类型的判别方法

类　型	说　　明	图　示
曲柄摇杆机构	连架杆之一为最短杆	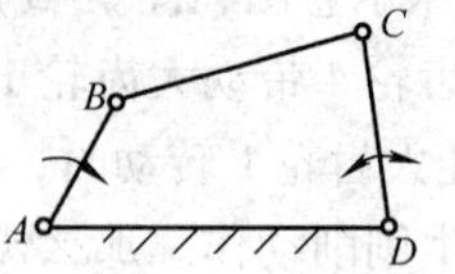 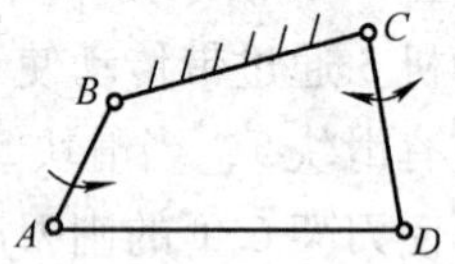
双曲柄机构	机架为最短杆	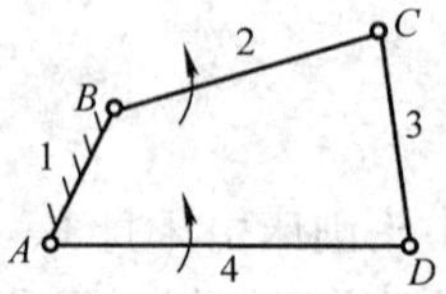
双摇杆机构	连杆为最短杆	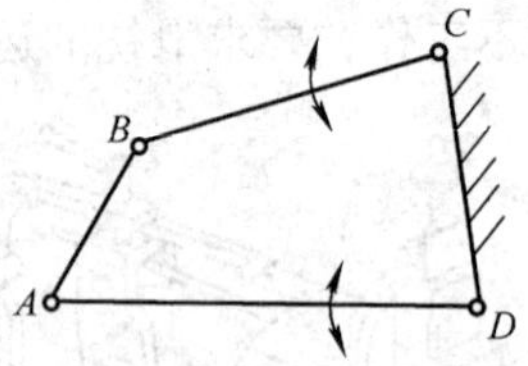

注：L_{AD} 为最长杆，L_{AB} 为最短杆，且 $L_{AD}+L_{AB} \leqslant L_{BC}+L_{CD}$。

若铰链四杆机构中最长杆与最短杆长度之和大于其余两杆长度之和，无论取哪一杆件为机架，机构均为双摇杆机构，如图 3-4 所示。

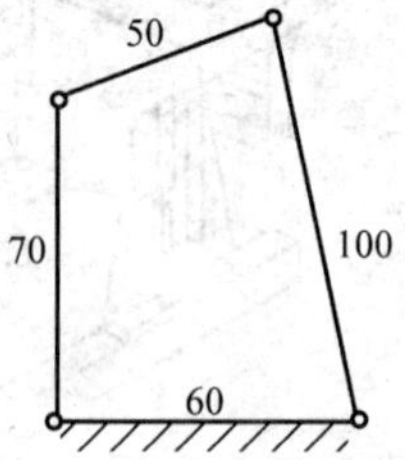

例如，在缝纫机的踏板铰链四杆机构中，各杆的长度分别为：$AB=35\text{mm}$，$BC=260\text{mm}$，$CD=150\text{mm}$，$AD=300\text{mm}$。此机构属于哪一类机构呢？（参考图 3-1b）

由于最短杆是 AB，最长杆是 AD，满足

$$AB+AD<BC+CD$$

即　　　　　　　　　　　$35+300<260+150$

图 3-4　双摇杆机构

且最长杆 AD 是机架，最短杆 AB 是曲柄，CD 是摇杆，BC 是连杆，所以此机构属于曲柄摇杆机构。

2. 急回特性

如图 3-5 所示曲柄摇杆机构，当主动曲柄整周回转时，摇杆在 C_1D 和 C_2D 两极限位置之间往复摆动。当摇杆在 C_1D 和 C_2D 两极限位置时，曲柄与连杆出现两次共线，曲柄摇杆机构所处的这两个位置称为极位，曲柄与连杆两次共线位置之间所夹的锐角称为极位夹角，用 θ 表示。

当曲柄逆时针等角速度连续转动，由 AB_1 位置转到 AB_2 位置时，转角 φ_1 为 $180°+\theta$，摇杆由 C_1D 摆到 C_2D 所用时间为 t_1；当曲柄由 AB_2 位置转回到 AB_1 位置时，转角 φ_2 为 $180°-\theta$，摇杆由 C_2D 摆到 C_1D 所用时间为 t_2。很明显，摇杆往复摆动所用时间不等（$t_1>t_2$），平均速度不等。通常情况下，摇杆由 C_1D 摆到 C_2D 的过程被用做机构中从动件的工作行程（慢速），摇杆由 C_2D 摆到 C_1D 的过程被用做机构中从动件的空回行程（快速）。空回行程时的平均速度大于工作行程时的平均速度，机构的这种性质称为急回特性。

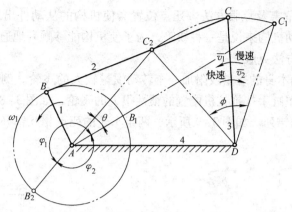

图 3 - 5　曲柄摇杆机构的急回特性

以上分析可知：当机构有极位夹角 θ 时，机构有急回特性；极位夹角 θ 越大，机构的急回特性越明显，但机构运动的平稳性也越差；极位夹角 $\theta = 0°$ 时，机构往返所用的时间相同，机构无急回特性。

曲柄摇杆机构中摇杆的急回运动特性有利于提高某些机械的工作效率。一般机械在工作中往往都有工作行程和空回行程两个过程，为了提高工作效率，可以利用急回运动特性来缩短机械空回行程的时间。

3. 死点位置的概念

在脚踩缝纫机踏板机构时（图 3 - 6），如果操作不熟练，会出现踩不动或缝纫机飞轮反转的现象。这是由于踏板 CD（即摇杆，为主动件）作往复摆动时，曲柄 AB 转动一圈，连杆 BC 与曲柄出现两次共线，此时如果操作不当，就会使曲柄 AB 不能转动或出现倒转的现象。如图 3 - 7 所示的曲柄摇杆机构中，当摇杆 CD 为主动件，曲柄 AB 为从动件，摇杆摆动到两个极限位置 C_1D 和 C_2D 时，连杆 BC 与从动曲柄 AB 共线，此时主动摇杆 CD 通过连杆 BC 传给从动曲柄 AB 上的力恰好通过其回转中心，此力对 A 点不产生力矩，力矩为零。此时，无论施加多大的力，均不能

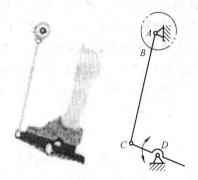

图 3 - 6　脚踩缝纫机踏板

使从动件转动，且转向也不能确定。机构中的这种连杆与从动件共线的位置称为死点位置。

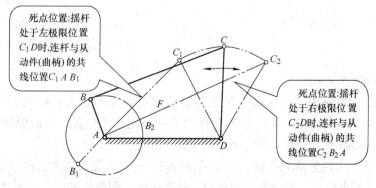

死点位置:摇杆处于左极限位置 C_1D 时,连杆与从动件(曲柄)的共线位置 C_1AB_1

死点位置:摇杆处于右极限位置 C_2D 时,连杆与从动件(曲柄)的共线位置 C_2B_2A

图 3 - 7　曲柄摇杆机构的死点位置

（1）死点位置的危害及克服方法　死点位置会使机构的从动件出现卡死或运动不确定现象。出现死点对传动机构来说是一种缺陷，为了使机构能够顺利地通过死点位置，保持正常工作，常采用下列方法克服：

1）利用从动曲柄本身的质量或附加一个转动惯量较大的飞轮。例如：家用缝纫机的踏板机构中的大带轮；单缸手扶拖拉机配置的惯性很大的飞轮，如图3-8所示。

2）采用多组机构错列。如图3-9所示，两组车轮的死点相互错开，两组机构的曲柄错成90°。

图3-8　手扶拖拉机的飞轮

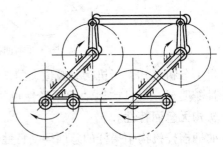

图3-9　两组车轮的错列装置

3）增设辅助构件。在如图3-10所示的平行双曲柄机构中，主动曲柄AB转动一周，从动曲柄CD将会出现两次与连杆BC共线位置，这样会造成从动曲柄运动的不确定现象（即CD可能顺时针转，也可能逆时针转动而变成反向双曲柄机构）。为避免这一现象的发生，可用增设辅助机构方法来解决。如图3-11所示机车车轮联动装置，它在机构中增设一个辅助曲柄构件EF，以防止平行双曲柄机构$ABCD$变成反向双曲柄机构。

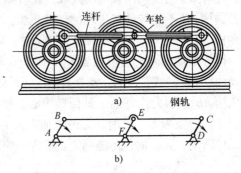

图3-11　机车车轮联动装置
a）结构图　b）机构运动简图

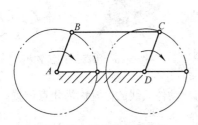

图3-10　平行双曲柄机构

（2）死点位置的利用

1）图3-12中的钻床工件夹紧机构就是利用死点位置来夹紧工件的。当工件夹紧后，BCD成一条直线，即机构在工件反力N的作用下处于死点的位置，从而保证了工件的可靠夹紧。若要机构脱离死点位置，须向上扳动手柄，方可松开工件。

2）图3-13为飞机起落架机构，当飞机着陆时机轮5虽受力很大，但因摇杆1和连杆2共线，机构处于死点位置，机轮5不能折回，从而提高了起落架的工作可靠性。

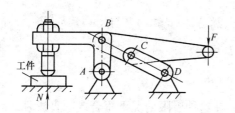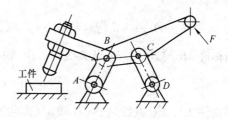

图 3-12　连杆式快速夹具（利用死点位置夹紧）

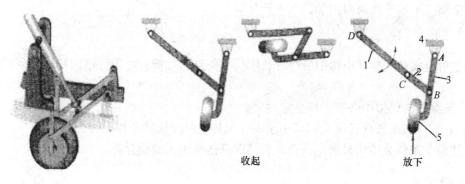

收起　　　　　放下

图 3-13　飞机起落架机构
1、3—摇杆　2—连杆　4—机架　5—机轮

任务实施

由图 3-3 可知，当曲柄 4（即齿轮）匀速转动一周时，通过曲柄滑块机构带动牛头刨床的滑枕运动一个来回，滑枕完成一次切削和一次退刀。在这一个循环过程中，滑枕刨削时曲柄转过的角度大于 180°（对应滑块 5 从 C_2 到 C_1 大弧的弧长大于半圈），而滑枕回程退刀时曲柄转过的角度小于 180°（对应滑块 5 从 C_1 到 C_2 小弧的弧长小于半圈）。由此可见滑枕刨削工作行程所用的时间比空回行程所用的时间长，换句话说，也就是牛头刨床退刀速度明显高于刨削速度。牛头刨床刨削工作利用了曲柄滑块机构的急回特性，节省非工作时间，提高了生产率。

知识拓展（曲柄存在条件的推导）

在图 3-14 所示的曲柄摇杆机构中，设曲柄 $AB = a$、连杆 $BC = b$、摇杆 $CD = c$、机架 $AD = d$，当曲柄 AB 转动一周，B 点的轨迹是以 A 为圆心，半径为 a 的圆。B 点通过 B_1 和 B_2 点时，曲柄 AB 与连杆 BC 有两次共线，AB 能否顺利通过这两个位置，是 AB 能成为曲柄的关键。下面就这两个位置时各构件的几何关系来推导曲柄存在的条件。

当构件 AB 与 BC 在 B_1 点共线时，在 $\triangle AC_1D$ 中，三角形成立的条件是两边之和大于第三边。

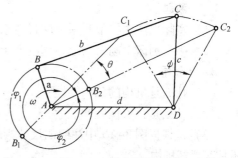

图 3-14　曲柄摇杆机构

因此有（设 $b > a$）

$$(b-a)+c \geqslant d \text{ 与 } (b-a)+d \geqslant c, \text{ 也就是 } a+d \leqslant b+c \text{ 与 } a+c \leqslant b+d$$

当构件 AB 与 BC 在 B_2 点共线时，由 $\triangle AC_2D$ 可得

$$a+b \leqslant c+d$$

在构件 AB、BC 共线时，CD 和 AD 也共线，在这种极限情况下重合成一直线时，则上面的不等式取等号。

将上面三个不等式两两相加，整理后可得

$$a \leqslant b, \ a \leqslant c, \ a \leqslant d$$

通过对上面曲柄摇杆机构中各杆件长度尺寸关系的分析，可得铰链四杆机构存在曲柄的条件是：

1）连架杆与机架中必有一杆是最短杆。

2）最短杆与最长杆长度之和必小于或等于其余两杆长度之和。

上述两个条件必须同时满足，否则铰链四杆机构中无曲柄存在。

考试要点

1. 选择题

（1）曲柄摇杆机构中，曲柄作等速转动时，摇杆摆动时空回行程的平均速度大于工作行程时的平均速度，这种性质称为（　　）。

A. 死点位置　　　　　　B. 机构的运动不确定性　　C. 机构的急回特性

（2）曲柄摇杆机构中，以（　　）为主动件，连杆与（　　）处于共线位置时，该位置称为死点位置。

A. 曲柄　　　　　　　　B. 摇杆　　　　　　　　C. 机架

（3）对于缝纫机的踏板机构，以下说法不正确的是（　　）。

A. 应用了曲柄摇杆机构，且摇杆为主动件　　　　B. 利用飞轮帮助其克服死点位置

C. 踏板相当于曲柄摇杆机构中的曲柄

（4）当曲柄摇杆机构出现死点位置时，可在从动曲柄上（　　），使其顺利通过死点位置。

A. 加大主动力　　　　　B. 加设飞轮　　　　　　C. 减少阻力

2. 判断题

（1）实际生产中，常利用急回特性来节省非工作时间，提高生产率。　　　　（　　）

（2）牛头刨床中刨刀的退刀速度大于其切削速度，就是应用了急回特性。　　（　　）

3. 综合题

（1）什么是机构的急回特性？

（2）什么是死点位置？

（3）试根据图 3-15 中注明的尺寸判断下列铰链四杆机构是曲柄摇杆机构、双曲柄机构还是双摇杆机构。

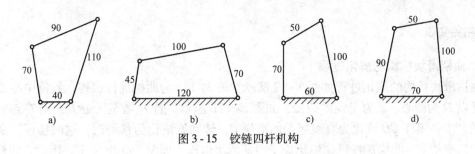

图3-15 铰链四杆机构

任务3 认识铰链四杆机构的演化

知识目标:
1. 曲柄滑块机构。
2. 导杆机构。

技能目标:
1. 了解曲柄滑块机构的演化过程。
2. 掌握曲柄滑块机构工作原理、应用实例。
3. 掌握曲柄滑块机构的演化、特点及应用实例。

📖 **任务描述**

图3-16为柴油机中的曲柄滑块机构。柴油机气缸中的燃气燃烧,推动活塞下行做功,再通过连杆、曲柄输出机械功,从而实现柴油机的曲柄连续不断地转动。为实现柴油机的往复循环工作,柴油机曲柄滑块机构主要由哪些构件组成?是由哪种机构演变而来的?

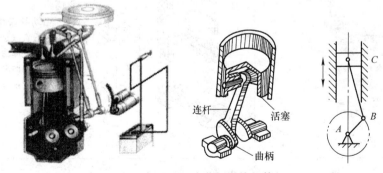

图3-16 柴油机中曲柄滑块机构

✏️ **任务分析**

在图3-16所示的柴油机气缸曲柄连杆机构中,曲柄、连杆和活塞(滑块)通过铰链连接而构成了曲柄滑块机构,它是由铰链四杆机构中的曲柄摇杆机构演化而来的。在机械传动中,根据具体应用场合的不同,铰链四杆机构还可以演化为多种运动形式。认识这些演化机构的运动特点和运动规律,对机械设计中合理分析和选择铰链四杆机构是非常必要的。

相关知识

1. 曲柄滑块机构的演化过程

曲柄滑块机构的演化过程如图3-17所示。图3-17a为曲柄摇杆机构，铰链中心 C 点的轨迹是以 D 为圆心、R 为半径的圆弧，如图3-17b所示。若 R 增至无穷大，则 C 点轨迹变成直线，于是摇杆 CD 演化为直线运动的滑块 C，转动副演化为移动副，这时摇杆演变成往复移动的滑块 C，曲柄摇杆机构演化成了曲柄滑块机构，如图3-17c所示。因此，曲柄滑块机构是具有一个曲柄和一个滑块的平面连杆机构。

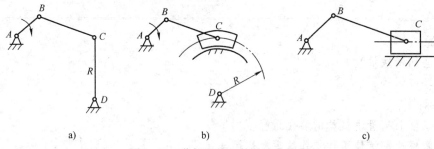

a)   b)   c)

图3-17 曲柄滑块机构的演化过程

除了内燃机中使用了曲柄滑块机构以外，许多机器中的主要工作部件都采用了曲柄滑块机构，例如压力机、搓丝机、滚轮送料机、颚式破碎机中都采用了曲柄滑块机构。曲柄滑块机构应用实例见表3-5。

表3-5 曲柄滑块机构应用实例

应用实例	机构简图	运动分析
内燃机气缸		做功行程时活塞（即滑块）的向下直线运动通过连杆转换成曲轴（即曲柄）的旋转运动。其他行程时曲轴的旋转运动通过连杆转换成活塞的往返直线运动
开式压力机		曲轴（即曲柄）的旋转运动转换成冲压头（即滑块）的上下往复直线运动，完成对工件的压力加工

（续）

应用实例	机构简图	运动分析
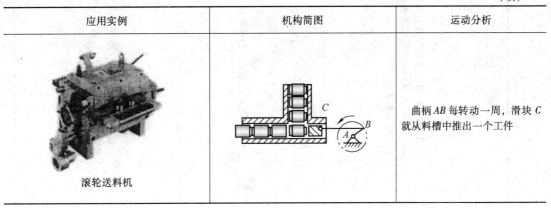滚轮送料机		曲柄 AB 每转动一周，滑块 C 就从料槽中推出一个工件

2. 导杆机构

机构中与滑块组成移动副的构件称为导杆，连架杆中至少有一个构件为导杆的平面四杆机构称为导杆机构。导杆机构可以看成是通过选取曲柄滑块机构中不同构件作为机架演化而成。

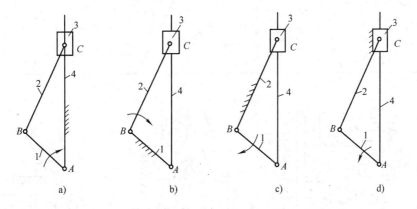

图 3-18 曲柄滑块机构向导杆机构的演化
a) 曲柄滑块机构　b) 转动导杆机构　c) 曲柄摇块机构　d) 移动导杆机构

1) 在图 3-18a 所示的曲柄滑块机构中，如果取杆 1 为固定件，如图 3-18b 所示，即可得到转动导杆机构（当杆的长度 $L_1 < L_2$ 时，主动件 2 和导杆 4 均可作整周回转。其中主动件 2 绕 B 点整周回转，导杆 4 绕 A 点整周回转）和摆动导杆机构（当 $L_1 > L_2$ 时，主动件 2 绕 B 点作整周回转时，从动件导杆 4 只能绕 A 点作往复摆动）。

2) 在曲柄滑块机构中，当取杆 2 为固定件时，如图 3-18c 所示，则杆 1 是绕 B 点转动的曲柄，而滑块 3 则成为绕 C 点往复摆动的摇块，即可得到曲柄摇块机构。

3) 如果把曲柄滑块机构中的滑块 3 作为机架，如图 3-18d 所示，则得到活动导杆 4 在固定滑块 3 中移动，即可得到移动导杆机构。

表 3-6 给出了曲柄滑块机构选取不同构件为机架时，得到的各种导杆机构的类型、应用实例和应用特点。

表 3-6　导杆机构的类型、应用实例和应用特点

导杆机构类型	应用实例	机构简图	应用特点
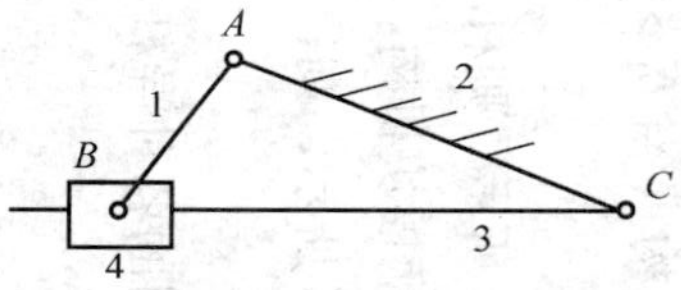 摆动导杆机构	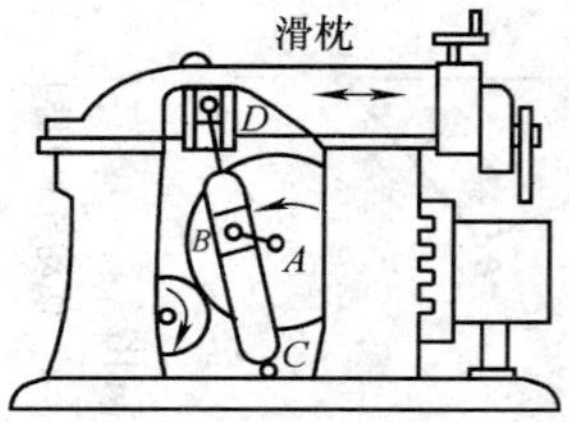 牛头刨床主运动机构	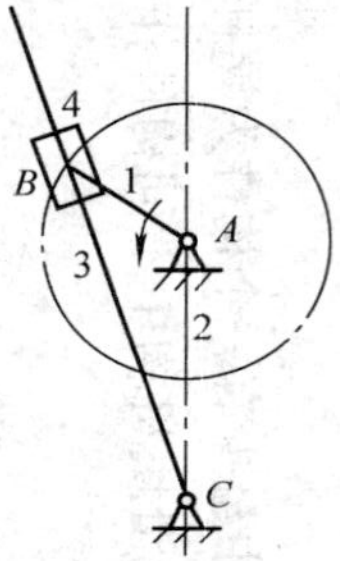	主动曲柄 AB 作等速回转，从动件导杆 BC 作往复摆动，带动滑枕作往复直线运动
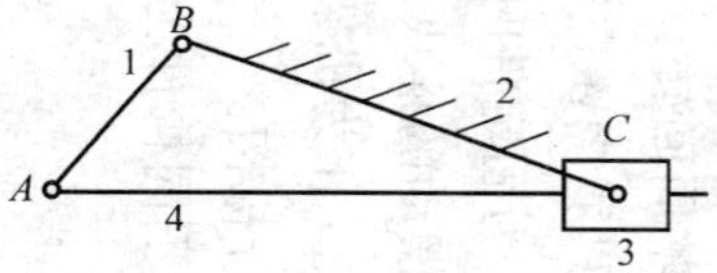 曲柄摇块机构	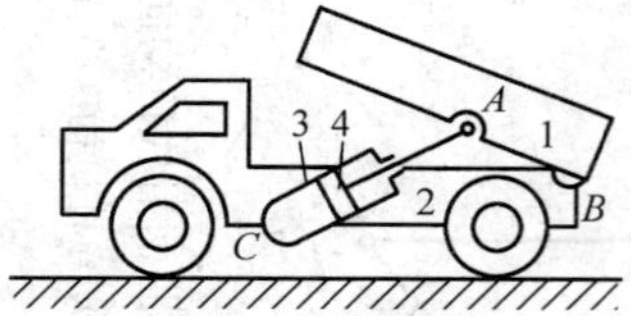 自卸汽车卸料机构	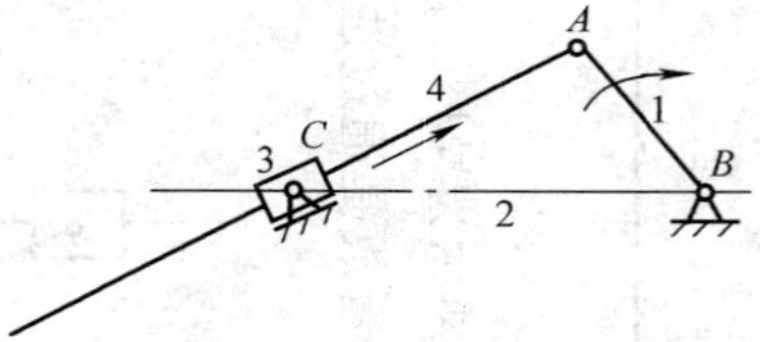	利用液压缸（摇块 3）的油压推动活塞（杆 4）运动，迫使车厢（杆 1）绕 B 点翻转，物料便自动卸下
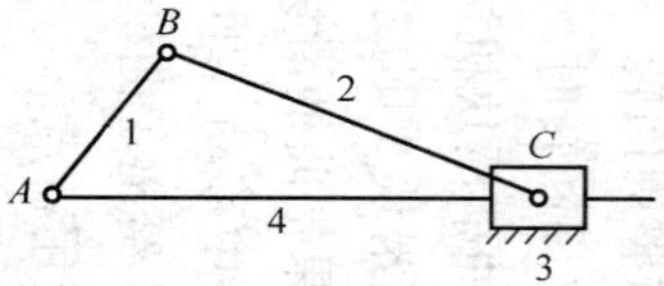 移动导杆机构	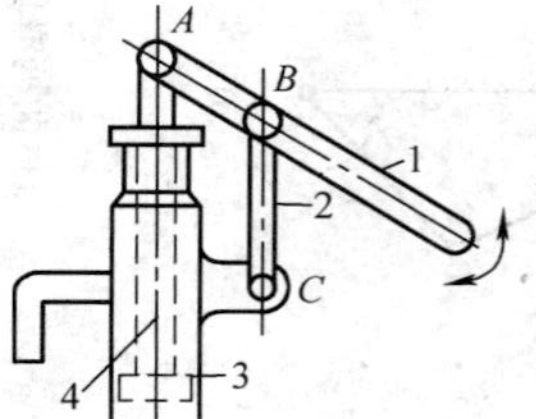	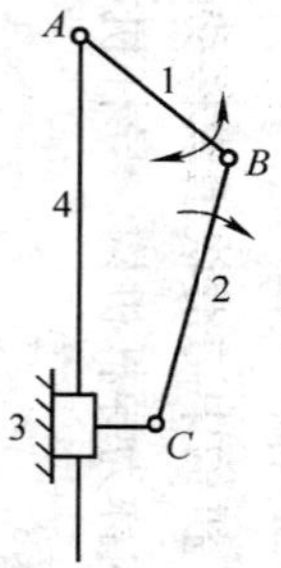	扳动手柄（杆 1），可以使活塞杆（杆 4）在筒（杆 3）内上下移动，从而完成抽水动作

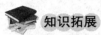 **任务实施**

曲柄滑块机构是柴油机实现工作循环，完成能量转化的主要运动机构。如图 3-16 所示，柴油机气缸中的曲柄滑块机构在做功行程中，活塞（滑块）承受燃气压力在气缸内作直线运动，通过连杆转换成曲柄的旋转运动，并通过曲柄和飞轮对外输出动力；而在进气、压缩和排气行程中，飞轮的惯性能量又把曲柄的旋转运动转化成活塞的直线运动，即曲柄 AB 旋转时，通过连杆 BC 带动滑块 C 作往复直线运动。这样柴油机的飞轮就连续不断地旋转起来了。

知识拓展

在曲柄滑块机构中，当曲柄长度很短时，往往用一个旋转中心与几何轴线中心不重合的偏心轮代替曲柄。偏心轮机构由偏心轮 1、连杆 2、滑块 3 和机架 4 组成，如图 3-19 所示。偏心轮的几何中心在 B 点，而其转动中心却在 A 点，距离 $AB=e$ 称为偏心距，即等同于曲柄滑块机构中的曲柄长度。所以滑块 3 的移动距离等于 $2e$。与曲柄滑块机构相比，偏心轮机构强度好，承受力较大，且偏心距 e 很小时，滑块行程也很小。这种机构用在剪板机、开式压力机、颚式破碎机等机械中。

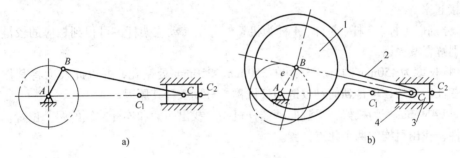

图 3-19　偏心轮机构
1—偏心轮　2—连杆　3—滑块　4—机架

考试要点

1. 选择题

（1）开式压力机采用的是（　　）机构。

A. 移动导杆　　　　　　　B. 曲柄滑块　　　　　　　C. 摆动导杆

（2）曲柄滑块机构中，若机构存在死点位置，则主动件为（　　）。

A. 连杆　　　　　　　　　B. 机架　　　　　　　　　C. 滑块

（3）在曲柄滑块机构中，往往用一个偏心轮代替（　　）。

A. 滑块　　　　　　　　　B. 机架　　　　　　　　　C. 曲柄

（4）在曲柄摇杆机构中，若以摇杆为主动件，则在死点位置时，曲柄的瞬时运动方向是（　　）。

A. 按原方向运动　　　　B. 按原运动方向的反方向运动

C. 不确定

2. 判断题

（1）曲柄滑块机构是由曲柄摇杆机构演化而来的。　　　　　　（　　）

（2）自卸汽车卸料装置为曲柄滑块机构的应用实例。　　　　　　（　　）

3. 填空题

（1）曲柄滑块机构中，若以曲柄为主动件，则可以把曲柄的_____运动转换成滑块的_____运动。

（2）曲柄滑块机构是由曲柄摇杆机构中的_____杆件长度趋于_____而演变来的。

实践与认识

制作铰链四杆机构

材料：纸板或薄木板条

制作过程：

1）选取1、2、3、4共四根薄木板条（或用纸板代替），各根长度分别为450mm、400mm、300mm、200mm。（注意每根薄木板条或纸板两端要各多留出5mm，做上记号，作为连接点用。）

2）在每根薄木板条（或纸板）多留出的5mm处，用图钉或螺钉将四根木板条（或纸板）连接起来。

3）分别以1杆、2杆、3杆、4杆为机架，分别转动连架杆，可得到相应的铰链四杆机构。分别解释其原因。

4）将长度为450mm的杆，分别在350mm、250mm处钻孔，并以此长度将其作为机架与其他三杆连接后，可得到何种铰链四杆机构？分别解释其原因。

5）以450mm杆为机架，得到曲柄摇杆机构，找出曲柄和连杆共线的两个位置。以摇杆为主动件，找出机构的两个死点位置。

单元7 凸轮机构

7

任务1　认识凸轮机构

知识目标：
　　1. 凸轮机构的概念、分类。
　　2. 凸轮的种类、特点。
　　3. 从动件的种类、特点。
技能目标：
　　1. 了解凸轮机构的工作原理。
　　2. 了解凸轮机构的组成、分类。
　　3. 掌握凸轮机构的特点和应用。

任务描述

　　图 3-20 为内燃机的配气机构。在内燃机工作时，需要定时打开和关闭气门，保证内燃机气缸完成进气和排气过程。在日常生产、生活中，常见的凸轮机构有哪些种类、主要应用在什么场合？

任务分析

　　在图 3-20 所示的内燃机配气机构中，当凸轮（主动件）1 回转时，由于凸轮轮廓表面向径的变化迫使气门杆2（从动件）作向下运动，控制气门的打开，加上弹簧的作用，就可以达到关闭气门的目的，保证内燃机在工作时定时打开或关闭气门。

相关知识

1. 凸轮和凸轮机构

　　含有凸轮的机构称为凸轮机构，它由凸轮、从动件和机架三部分组成，如图 3-21 所示。凸轮是一种具有曲线轮廓或凹槽的构件，一般情况下凸轮为主动件，作等速回转运动或往复直线运动。与凸轮轮廓接触，并传递动力和实现预定运动规律的构件称为从动件，一般作往复直线运动或摆动。由于凸轮与从动件的接触是点或线接触，因此，凸轮机构是高副机构。

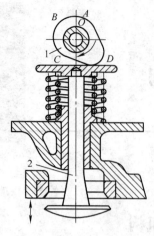

图 3 - 20　内燃机的配气机构
1—凸轮（主动件）　2—气门杆（从动件）

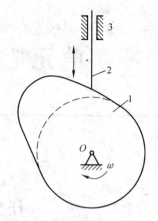

图 3 - 21　凸轮机构的基本组成
1—凸轮　2—从动件　3—机架

2. 凸轮机构的分类

　　凸轮机构的类型很多，按凸轮的形状可分为盘形凸轮、移动凸轮、圆柱凸轮；按从动件末端形状可分为尖顶从动件凸轮机构、滚子从动件凸轮机构、平底从动件凸轮机构；按从动件的运动形式可分为移动从动件凸轮机构、摆动从动件凸轮机构。凸轮的分类应用特点见表 3 - 7、表 3 - 8。

表 3 - 7　按凸轮的形状分类

类型	概念	图例	特点
盘形凸轮	具有径向轮廓线尺寸变化并绕其轴线旋转的凸轮，称为盘形凸轮		是凸轮机构最基本的形式。盘形凸轮是绕固定轴线转动且径向尺寸变化的盘形构件。由于从动件的运动范围太大会引起盘形凸轮径向尺寸变化过大，而且不利于机构的正常工作，因此，盘形凸轮机构一般用于从动件运动范围较小的场合
移动凸轮	当盘形凸轮的回转半径无穷大（或回转中心趋于无穷远）时，即成为移动凸轮		移动凸轮又称板状凸轮，可看作是盘形凸轮的回转中心趋于无穷远，相对于机架作直线往复移动。当凸轮移动时，可推动从动件按预定要求运动。多用在靠模仿形机械中
圆柱凸轮	凸轮轮廓曲线位于圆柱面上或圆柱端部并绕其轴线旋转的凸轮的称为圆柱凸轮		是一个在圆柱面上开有曲线凹槽或在圆柱端面上做出曲线轮廓的构件，它可看做是将移动凸轮卷成圆柱体演化而成的。从动件可以通过直径不大的柱体获得较大的运动范围。主要适用于运动范围较大的场合

表3-8　按从动件端部形状及其运动形式分类

类型	运动形式及简图		特点
	移动	摆动	
尖底（顶）从动件			构造最简单，动作灵敏，但易磨损，只适用于作用力不大和速度较低的场合（如用于仪表等机构中）
滚子从动件			滚子与凸轮轮廓之间为滚动摩擦，摩擦阻力小，磨损较小，故可用来传递较大的动力，应用较广
平底从动件			凸轮与从动件的平底接触，故受力均匀，接触面间易形成油膜，润滑较好，减少了摩擦。常用于高速传动中
曲面底（含球面）从动件			介于滚子从动件与平底从动件之间

以上是凸轮机构的几种常用分类方法。将不同类型的凸轮和从动件组合起来，就可以得到各种不同形式的凸轮机构。如对心尖顶从动件盘形凸轮机构（图3-22），偏置滚子从动件盘形凸轮机构（图3-23）等。

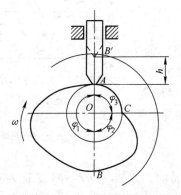

图3-22　对心尖顶从动件盘形凸轮机构

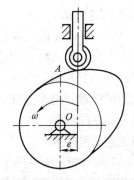

图3-23　偏置滚子从动件盘形凸轮机构

凸轮机构中，盘形凸轮和移动凸轮与从动件之间的相对运动为平面运动，属于平面凸轮机构。圆柱凸轮与从动件之间的相对运动为空间运动，属于空间凸轮机构。

3. 凸轮机构的特点

1）凸轮机构结构简单、紧凑，只要设计出适当的凸轮轮廓曲线，就可以使从动件实现任意的预期运动规律。

2）凸轮机构是高副机构，凸轮与从动件间为点或线接触，单位面积上承受的压力较大，不便于润滑，易磨损，而磨损后会影响运动规律的准确性。

3）凸轮机构可以高速起动，动作准确可靠。

4）凸轮机构能传递较复杂的运动，但轮廓表面曲线复杂，因此制造较复杂困难，制造加工精度要求较高，有时需要用计算机设计和数控机床进行加工。

5）由于表面硬度高，修理困难，因此只适用于特殊运动规律且传递动力不大的场合，如内燃机的配气机构、缝纫机中的紧线机构、制动机构、各种电气开关等。

任务实施

如图 3-20 所示，凸轮 1 顺时针回转，当凸轮 1 的曲线轮廓 CD 部分（向径逐渐增大）与气门杆 2 平底接触时，凸轮轮廓迫使气门杆 2（从动件）克服弹簧力向下移动，从而使气门打开；凸轮 1 继续回转，曲线轮廓 DA 部分（向径逐渐减小）与气门杆 2 平底接触时，气门杆 2（从动杆）在弹簧力的作用下向上移动，从而使气门关闭。当凸轮 1 的曲线轮廓 ABC 部分（等半径圆弧）与气门杆 2 平底接触时，气门杆 2 静止不动，气门在弹簧力的作用下继续保持关闭状态。由以上分析可知，凸轮 1 的轮廓形状决定着气门杆 2 的运动规律，同时也影响气门的开闭时刻和开闭持续的时间以及打开的高度。

 知识拓展 （分析几种典型凸轮机构的运动）

1. 自动车床横刀架进给机构

如图 3-24 所示自动车床横刀架进给机构，当凸轮 1 转动时，依靠凸轮的轮廓可使从动杆 2 作往复摆动。从动杆 2 上装有扇形齿轮，通过它可带动横刀架完成进刀和退刀的动作。

2. 绕线机凸轮机构

如图 3-25 所示绕线机凸轮机构，转动手柄使绕线轴 7 转动，使固定于绕线轴上的小齿轮 5 带动大齿轮 6 减速后带动凸轮 1 缓慢转动；依靠凸轮 1 的轮廓与从动杆（摆杆 2）上尖顶 A 之间的接触，推动摆杆 2 绕 B 点摆动，其端部拨叉使导线均匀地绕在线轴上。

3. 车床靠模车削机构

如图 3-26 所示的车床靠模车削机构。工件 1 回转时，刀架（从动件）2 向左运动，并且在凸轮（靠模板）3 的推动下作横向运动，从而切削出与靠模板曲线一致的工件。

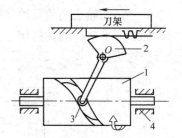

图 3-24　自动车床横刀架
进给机构
1—凸轮　2—从动杆（摆杆）
3—滚子　4—机架

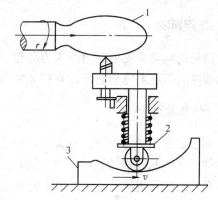

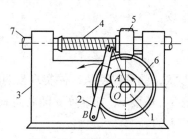

图 3 - 25　绕线机凸轮机构
1—凸轮　2—摆杆　3—机架　4—线轴
5、6—齿轮　7—轴

图 3 - 26　车床靠模车削机构
1—工件　2—刀架（从动件）　3—凸轮（靠模板）

考试要点

1. 选择题

（1）凸轮机构中，主动件通常作（　　）。

A. 等速转动或移动　　　　B. 变速转动　　　　　　C. 变速移动

（2）从动件的运动规律决定了凸轮的（　　）。

A. 轮廓形状　　　　　　　B. 转速　　　　　　　　C. 形状

（3）有关凸轮机构的论述，正确的是（　　）。

A. 不能用于高速起动　　　B. 从动件只能作直线移动　C. 凸轮机构是高副机构

（4）凸轮机构中从动件构造最简单的是（　　）。

A. 平底从动件　　　　　　B. 滚子从动件　　　　　C. 尖顶状从动件

2. 综合题

（1）凸轮分哪几类？从动件分哪几类？

（2）在机器中，要求机构实现某种特殊的或复杂的运动规律，常采用凸轮机构。（　　）

（3）根据实际需要，凸轮机构可以任意拟定从动件的运动规律。（　　）

任务 2　分析凸轮机构从动件的运动规律

知识目标：

　1. 凸轮机构的工作过程。

　2. 凸轮机构常用术语。

　3. 从动件常见的运动规律。

技能目标：

　1. 了解凸轮机构工作过程和常用术语。

　2. 了解从动件运动规律线图。

　3. 掌握从动件的常用运动规律、适用场合。

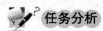 **任务描述**

凸轮机构最常见的运动形式为凸轮作等速回转运动，从动件作往复移动。从动件常用的运动规律有哪些？它们的运动有什么特点？常应用在哪些场合？

任务分析

通过前面的学习知道，只要设计出适当的凸轮轮廓形状，就可以使从动件实现预期的运动规律。了解从动件的运动规律，就是分析从动件的位移 s、速度 v、加速度 a 随时间 t 或凸轮转角 δ 的变化规律，从中得出不同的运动规律对机构产生的影响。

相关知识

1. 凸轮机构的工作过程及常用术语

凸轮机构中最常用的运动形式是凸轮作等速转动，从动件作往复移动。表 3-9 为对心外轮廓盘形凸轮机构的工作过程，下面以此机构为例，研究从动件常用的运动规律以及特点。

表 3-9　对心外轮廓盘形凸轮机构的工作过程

运动	图示	描述
升	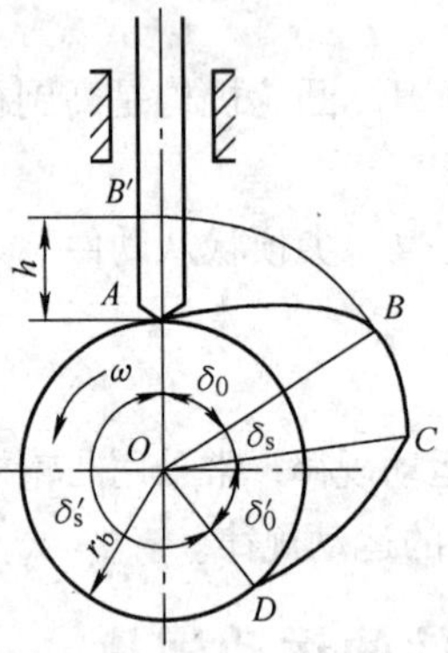	以凸轮回转中心为圆心，以凸轮轮廓上最小半径为半径所作的圆称为基圆。其半径用 r_b 表示。图中从动件位于最低位置，它的尖端与凸轮轮廓上点 A（基圆与曲线 AB 的连接点）接触。当凸轮以等角速度 ω 逆时针转过 δ_0 时，由于这段轮廓的向径是逐渐增大的，从动件在凸轮轮廓曲线的推动下将由 A 点位置被推到 B' 点位置。即从动件由最低位置被升到最高位置，从动件运动的这一过程称为推程，又称升程。此时凸轮的转角 δ_0 称为推程运动角
停	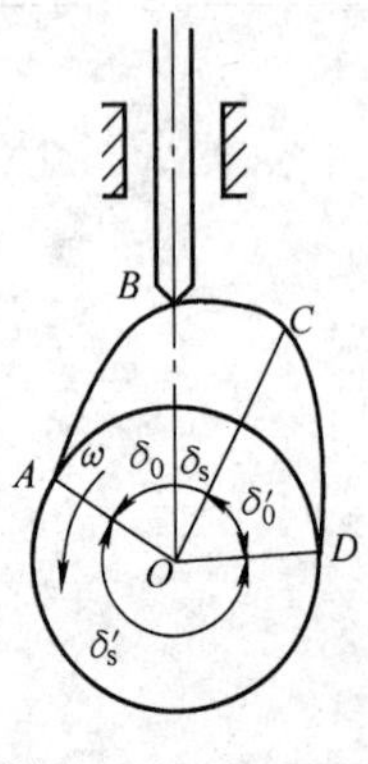	凸轮继续转过 δ_s，因凸轮 BC 段轮廓是以 O 为圆心的一段圆弧，故从动件在最高位置静止不动，这一过程称为远停程，与此对应的凸轮转角 δ_s 称为远停程角或远休止角

（续）

运动	图示	描述
降		凸轮继续转过 δ_0'，因为这一段凸轮轮廓曲线向径逐渐减小，从动件由最高位置 C' 点回到最低位置 D' 点。这一过程称为回程。对应凸轮转角 δ_0' 称为回程运动角 从动件上升或下降的最大位移 h 称为行程
停		凸轮继续转过 δ_s' 时，从动件与凸轮轮廓曲线上最小向径的圆弧 DA 段接触，因为这段轮廓又是以 O 为圆心的一段圆弧，故从动件在最低位置静止不动，这一过程称为近停程，对应的凸轮转角 δ_s' 称为近停程角或近休止角

2. 凸轮机构中从动件常用的运动规律

（1）从动件的运动规律　指从动件的位移 s、速度 v、加速度 a 随时间 t 或凸轮转角 δ 变化的规律。

（2）从动件的运动线图　指从动件的位移 s、速度 v、加速度 a 随时间 t 或凸轮转角 δ 变化的关系曲线。这些曲线表达了从动件的运动规律。以从动件 s 为纵坐标，对应的转角 δ 或时间 t（凸轮匀速转动时转角与时间成正比）为横坐标，绘制出一个工作循环周期的从动件位移线图，如图 3 - 27 所示，δ_0 和 δ_0' 分别表示推程运动角和回程运动角；δ_s 和 δ_s' 分别表示远停程角和近停程角；h 是从动件上升或下降的最大位移，称为行程。设计凸轮轮廓时，必须首先确定从动件的运动规律。

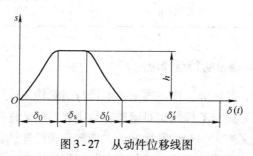

图 3 - 27　从动件位移线图

（3）从动件常见运动规律　从动件常见的运动规律主要有等速运动规律和等加速等减速运动规律。表 3 - 10 中列出了它们的运动规律和运动特点。

表 3-10　凸轮机构的从动件常见运动规律

运动规律名称	概念	运动线图	运动特点
等速运动规律	从动件上升（或下降）速度 v_0 为一常数的运动规律		位移方程为 $s = vt$，等速运动时位移曲线为一倾斜直线。从动件运动过程中，速度 v 为恒值 v_0。从动件在推程的起始与终止速度有突变，使 O、A 位置的加速度达到无穷大，产生刚性冲击
等加速等减速运动规律	从动件在行程中先作等加速运动，后作等减速运动的运动规律		位移线图由两段抛物线组成。推程的前 $h/2$ 的位移方程为 $s = at^2/2$。位移 s 是时间 t（或凸轮转角）的二次函数。从动件初速度 $v=0$，推程的前 $h/2$ 的速度方程为 $v = at$。推程的前 $h/2$ 作等加速运动，后 $h/2$ 作等减速运动，推程的 O、A、B 点有加速度的突变，将产生柔性冲击

任务实施 （两种运动规律的特点和应用）

等速运动规律的凸轮，其轮廓工作曲线上各半径与凸轮转角成线性关系，因此设计的凸轮轮廓曲线简单，加工时刀具与工件间相对运动容易实现。从动件在运动起始和终止位置速度有突变，使加速度达到无穷大，产生刚性冲击，随着凸轮的连续转动，从动件将产生连续的周期性的刚性冲击。这样，凸轮就会在工作中引起强烈的振动，对工作十分不利。因此只适用于凸轮作低速回转、轻载、工作要求不高、从动件质量小的场合。

等加速等减速运动规律的凸轮机构，可在较短的时间内完成从动件的推程，但凸轮轮廓形状设计和制造都较困难。运动速度逐步增大又逐步减小，避免了运动速度的突变，改善了从动件在速度转折点处的冲击，但仍有一定程度的柔性冲击（由惯性力发生突变所产生的冲击）存在。适用于凸轮作中、低速回转，从动件质量不大的轻载场合。

 知识拓展 （凸轮机构从动件其他典型运动规律）

除了上述介绍的等速运动规律和等加速等减速运动规律外，还有：

1. 简谐运动规律

它的运动特点是只在运动始末两点有加速度，且按余弦规律连续变化，从而消除了柔性冲击。适用于中速、中载传动中，但制造较难。

2. 摆线运动规律

它的运动特点是速度的变化和加速度的变化都是连续变化，既没有刚性冲击，也没有柔性冲击，可用在高速传动中，但设计制造比较困难。

考试要点

1. 选择题

（1）从动件等速运动规律的位移曲线形状是（　　）。

A. 抛物线　　　　　　　　B. 斜直线　　　　　　　　C. 双曲线

（2）从动件作等速运动规律的凸轮机构，一般适用于（　　）、轻载的场合。

A. 低速　　　　　　　　　B. 中速　　　　　　　　　C. 高速

2. 判断题

（1）凸轮机构中，从动件作等加速等减速运动规律，是指从动件上升时作等加速运动，而下降时作等减速运动。　　　　　　　　　　　　　　　　　　　　（　　）

（2）凸轮机构产生的柔性冲击，不会对机器工作产生影响。　　　　　　（　　）

3. 综合题

一对心尖顶移动从动件盘形凸轮机构，基圆半径为 20mm，顺时针转动，从动件运动规律如下：

凸轮转角	0～150°	150°～210°	210°～300°	300°～360°
从动件位移	等速上升 30mm	停止不动	等速下降至原处	停止不动

试用反转法画出其凸轮轮廓。（学习完下面的"实践与认识"后再做此题）

实践与认识 （图解法绘制盘形凸轮轮廓）

已知一对心尖顶移动从动件盘形凸轮机构，凸轮逆时针方向回转，基圆半径 $r_b = 20$mm，从动件的运动规律见表 3 - 11，试绘制凸轮轮廓。

表 3 - 11　从动件运动规律

凸轮转角	0°～120°	120°～180°	180°～360°
从动件运动规律	等速上升 20mm	停止不动	等速下降到原位

1. 基本原理

图解法绘制凸轮轮廓曲线的具体方法是反转法。反转法就是给整个凸轮机构加上一个公共角速度（−ω），这时凸轮与从动件之间的相对运动并没有改变，但凸轮变为相对静止而从动件连同机架一方面以角速度（−ω）绕轴心 O 回转，另一方面从动件又相对机架导路作往复移动。由于从动件的尖顶始终与凸轮轮廓保持接触，所以，反转后尖顶的运动轨迹就是凸轮的轮廓。

2. 作图步骤

（1）绘制从动件的位移曲线

1）选取长度比例尺 1mm/mm，角度比例尺 6°/mm，按角度比例尺在横坐标轴上由原点（0°）向右量取 20mm（120°）、30mm（180°）、60mm（360°），分别代表推程角 120°、远停程角 60°、回程角 180°的相应位置。

2）将推程角和回程角分成若干等分（图中推程角每 30°取一个分点，分为四等分，得等分点 1、2、3、4；回程角同样每 30°取一个分点，分为六等分，得分点 5、6、7、8、9、10、11），由于停程（120°~180°）的位移曲线图是水平线，所以不必取分点。

3）按长度比例尺在纵坐标轴由原点向上截取 20mm 代表行程，做出从动件的位移线图，如图 3-28b 所示。然后过每个分点作垂线得到与各分点相对应的从动件的位移 11′，22′，33′，…，11′（11 与 11′重合）。

（2）作基圆及其等分线

1）如图 3-28a 所示，取 O 点为圆心，以 $OA = 20mm$ 为半径做出基圆，以 A 点为凸轮轮廓的起始点，将基圆按实际凸轮转动的反方向（即顺时针方向）在基圆圆周上分别量取推程角 120°、远停程角 60°、回程角 180°，并将推程角和回程角分成与位移线图对应的等份，在基圆圆周上得分点 A_1、A_2、A_3、…、A_{11}（A_{11} 与 A_0 重合）。

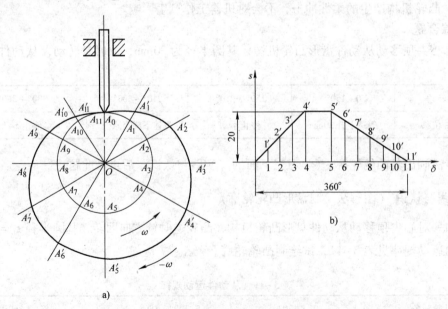

图 3-28 对心尖顶移动从动件盘形凸轮轮廓绘制
a）凸轮轮廓 b）位移线图

2）分别连接 OA_1、OA_2、OA_3、…、OA_{11} 并分别将其延长。

（3）作凸轮轮廓

1）从位移曲线上量取各对应转角位置时的位移量 $11'$、$22'$、$33'$…依此类推。从基圆圆周开始向外量取各对应位移量 $A_1A'_1 = 11'$，得点 A'_1；$A_2A'_2 = 22'$，得点 A'_2；$A_3A'_3 = 33'$，得点 A'_3……依此类推至 $A_{11} = A'_{11}$ 得点 A'_{11}（A'_{11} 与 A_{11} 重合）。

2）将点 A_0、A'_1、A'_2、A'_3、…、A'_{11} 用光滑的曲线连接起来（A'_4 与 A'_5 之间是以基圆圆心 O 为圆心，半径为 40mm 的圆弧），即为所求的凸轮轮廓曲线。

3. 利用反转法原理绘制凸轮轮廓的注意事项

1）由于反转法就是给整个凸轮机构加上一个公共角速度（$-\omega$），所以在基圆圆周上按位移曲线图截取分点时也要按（$-\omega$）方向截取，否则不符合预定的运动规律。

2）绘制同一凸轮轮廓时，长度方面的尺寸，如行程、基圆半径、偏距、滚子半径等必须采用相同的长度比例尺。

3）等分推程角和回程角时，取的分点越多，绘制出的凸轮轮廓越精确。

4）连接各分点的曲线必须光滑。

任务3　认识棘轮机构和槽轮机构

知识目标：
1. 齿式棘轮机构。
2. 摩擦式棘轮机构。
3. 槽轮机构。

技能目标：
1. 了解齿式棘轮机构的组成、工作原理。
2. 掌握齿式棘轮机构的调节方法、特点及应用。
3. 了解摩擦式棘轮机构的工作原理。
4. 掌握槽轮机构的种类、特点及应用。

任务描述

如图3-29所示的牛头刨床，在对工件进行刨削加工时，滑枕带动刨刀沿刨床导轨作往复直线运动。在两次切削之间，工作台需要带动工件作一次横向进给运动；在刨削加工时，需要根据不同的加工要求确定进给量的大小。请分析牛头刨床的进给运动及如何调节刨削加工时的进给量。

任务分析

如图3-29所示的牛头刨床工作台的进给运动，需要实现周期性的运动和停歇。能够将主动件的连续运动转换成从动件的周期性运动和停歇的机构，称为间歇运动机构。分析和掌握间歇运动机构的类型和特点，了解它们的组成及工作原理对于设计和分析棘轮机构和槽轮机构有重要的意义。

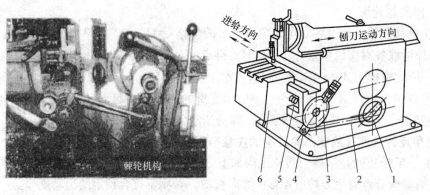

图 3-29　牛头刨床工作台横向进给机构

1—曲柄　2—连杆　3—棘轮　4—摇杆　5—丝杠　6—工作台

🔍 **相关知识**

常见的间歇运动机构有棘轮机构和槽轮机构。

1. 棘轮机构

（1）齿式棘轮机构的组成与工作原理　如图 3-30 所示，棘轮机构主要由棘轮、棘爪、止退棘爪和机架等组成，当摇杆逆时针摆动时；摇杆上铰接的主动棘爪插入棘轮的齿槽，推动棘轮同向转动一定角度。当主动摇杆顺时针摆动时，止退棘爪阻止棘轮反向转动，此时主动棘爪在棘轮的齿背上滑回原位，棘轮静止不动。从而将主动件的往复摆动转换为从动棘轮的单向间歇转动。弹簧的作用是使止退棘爪始终压紧齿面，保证止退棘爪工作可靠。

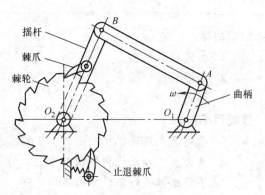

图 3-30　棘轮机构的组成

（2）齿式棘轮机构的类型和特点　齿式棘轮机构能将往复摆动转换成单向间歇转动，其常见类型见表 3-12。

表 3-12　齿式棘轮机构的常见类型和特点

类型	简图	工作特点
外啮合	单动式棘轮机构	单动式棘轮机构有一个驱动棘爪，当主动件摇杆向左方向摆动时，才能推动棘轮转动

（续）

类型	简图	工作特点
外啮合	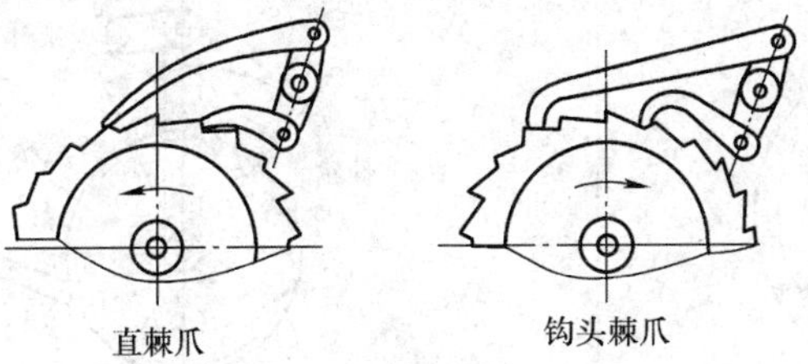 直棘爪　　　钩头棘爪 双动式棘轮机构	双动式棘轮机构有两个驱动棘爪，当主动件作往复摆动时，两个棘爪交替带动棘轮沿同一方向作间歇运动
内啮合	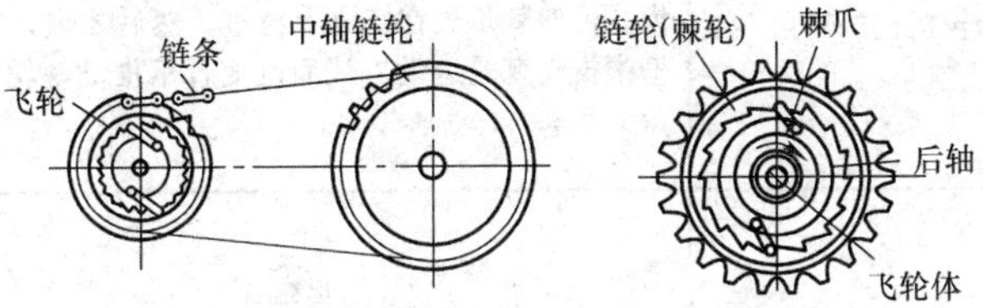 内啮合式棘轮机构	自行车后轴上安装的"飞轮"机构为内啮合式棘轮机构。链轮内圈具有棘齿，棘爪安装在后轴上。当链条带动链轮转动时，链轮内侧的棘齿通过棘爪带动后轴转动，驱动自行车前进；当自行车下坡或脚不蹬踏板时，链轮不动，但后轴由于惯性仍按原方向飞速转动，此时棘爪在棘轮齿背上滑过，自行车继续前进
内啮合	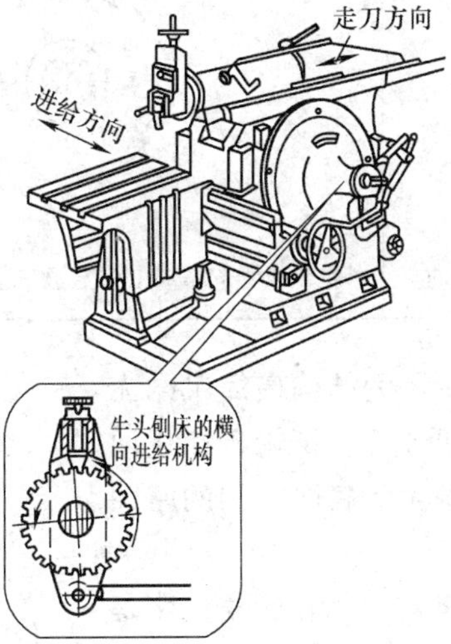	可变向式棘轮机构可改变棘轮的运动方向。在图示位置时，棘轮作逆时针间歇运动。当提起棘爪绕自身轴线转180°再放下时，即可改变棘轮的运动方向，使刨床的横向进给方向相反

（3）齿式棘轮机构转角的调节与转向的调整　　在棘轮机构中，根据机构工作的需要，棘轮的转角和转向可以进行调节与调整。棘轮转角 θ 的大小与棘爪每往复一次推过的齿数 k 有关，计算式为

$$\theta = 360° \times \frac{k}{z}$$

式中　k——棘爪每往复一次推过的齿数；

　　　z——棘轮的齿数。

为了满足工作的需要，棘轮的转角和转向调节方法见表3-13。

表 3 - 13　棘轮转角的调节和转向的调节

棘轮转角的调节	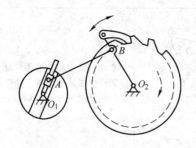 通过改变曲柄摇杆机构的曲柄 O_1A 的长度方法来改变摇杆 O_2B 的摆角大小，从而调节棘轮机构的转角	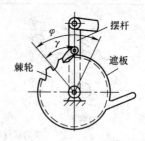 在棘轮外部罩一遮板，改变遮板位置以遮住部分棘齿，可使棘爪先在遮罩上滑过，然后才嵌入棘轮的齿槽中推动棘轮运动，从而改变棘爪推动棘轮的实际转角大小
棘轮转向的调节	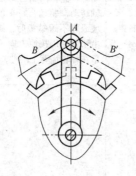 通过翻转棘爪，改变棘爪的位置来改变棘轮的转向	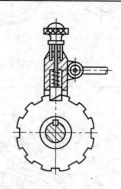 把棘爪提起转动 180°后放下，可改变棘轮的转向

（4）摩擦式棘轮机构简介　如图 3 - 31 所示为结构最简单的无棘齿摩擦式棘轮机构，主要由偏心楔块（棘爪）1、棘轮 2 和止回棘爪 3 组成。它是靠偏心楔块（棘爪）1 与棘轮 2 表面之间的摩擦力（自锁）来传递运动的。

摩擦式棘轮机构的工作特点：齿式棘轮机构的棘轮转角变化是以棘轮的轮齿为单位的有级变化，而摩擦式棘轮机构转角大小的变化不受轮齿的限制，是无级变化，因此，摩擦式棘轮机构在一定范围内可以任意调节转角，传动噪声小，但是不能传递较大的载荷，否则将产生滑动。

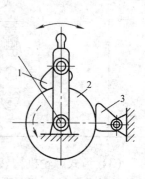

图 3 - 31　摩擦式棘轮机构
1—偏心楔块（棘爪）
2—棘轮　3—止回棘爪

2. 槽轮机构

除棘轮机构外，槽轮机构也可以实现间歇运动。

（1）槽轮机构的组成与工作原理　图 3 - 32 所示为电影放映机卷片机构。放电影时，胶片以一定的速度通过镜头，每张画面在镜头前有一短暂停留，通过视觉暂留而获得连续的场景，这一间歇运动是由槽轮机构实现的。

　　槽轮机构由主动拨盘、圆销、槽轮及机架等组成。主动拨盘轮作逆时针等速连续转动，在主动拨盘上的圆销进入径向槽之前（图3-33），槽轮的内凹锁止弧被主动拨盘的外凸弧锁住而静止；当圆销开始进入槽轮径向槽时，两锁止弧脱开，圆销推动槽轮沿顺时针转动；当圆销开始脱离径向槽时，槽轮因另一锁止弧又被锁住而静止，因此当主动拨盘每转一圈，从动槽轮作周期性的间歇运动。

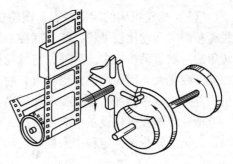

图3-32 电影放映机卷片机构

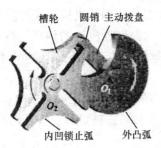
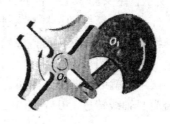

图3-33 槽轮机构工作原理

　　（2）槽轮机构的类型及运动特点　槽轮机构分外啮合槽轮机构和内啮合槽轮机构，常见槽轮机构的类型和运动特点见表3-14。

表3-14 槽轮机构的类型和运动特点

类型	简图	特点
单圆销外槽轮机构		主动拨盘每回转一周，圆销拨动槽轮运动一次，且槽轮与主动拨盘转向相反。槽轮静止不动的时间较长
双圆销外槽轮机构		主动拨盘每回转动一周，槽轮运动两次，减少了静止不动的时间。槽轮与主动拨盘转向相反。增加圆销个数，可使槽轮运动次数增多，但应注意圆销数目不宜太多
内啮合槽轮机构		主动拨盘匀速转动一周，槽轮间歇地转过一个槽口，槽轮与拨盘转向相同。内啮合槽轮机构紧凑，传动较平稳，槽轮停歇时间较短

（3）槽轮机构的应用特点　槽轮机构结构简单，工作可靠，机械效率较高，在进入和脱离接触时运动比较平稳，能准确控制转动的角度。但槽轮的转角不能调节，故只能用于定转角的间歇运动机构中。另外，与棘轮机构相比，槽轮的角速度不是常数，在起动和停止时加速度变化大，因而惯性力也较大，故不适用于转速过高的场合；槽轮机构的结构要比棘轮机构复杂，制造与加工精度要求比较高。

槽轮机构在机械设备中应用很广，如自动机床、电影机械、包装机械等。自动机床工作时，刀架的转位由预定程序来控制，而具体动作是由槽轮机构来实现的（图 3-34）。

任务实施

如图 3-29 所示，牛头刨床工作台的进给运动是利用棘轮机构实现的。当曲柄 1 转动时，经连杆 2 带动摇杆 4 作往复摆动；摇杆 4 上装有双向棘轮机构的棘爪，棘轮 3 与丝杠 5 固连，棘爪带动棘轮作单方向间歇转动，棘轮带动丝杠 5 转动，从而使工作台 6 在水平方向作间歇自动进给。

改变棘爪的摆角，就可以调节进给量，根据需要将刨削加工的进给量调大或调小；改变棘爪的位置（绕自身轴线转过 180° 后固定，见表 3-13），就可改变进给运动的方向。

知识拓展

棘轮机构在生产中的应用除了前面介绍的能实现间歇运动外，还可用于实现制动等功能。图 3-35 所示为起重设备中常用的防止逆转的棘轮机构。鼓轮 3 和棘轮 4 用键联接于轴上，当轴按图示方向回转时，转动的鼓轮提升重物 5，棘爪 2 在同步转动的棘轮齿背表面上滑过，当到达需要高度时，轴、鼓轮和棘轮停止转动，此时棘爪在弹簧 1 作用下嵌入棘轮的齿背内，可防止鼓轮逆转，从而保证了起重工作的安全可靠。

图 3-34　刀架转位机构

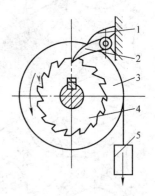

图 3-35　防逆转棘轮机构

1—弹簧　2—棘爪　3—鼓轮　4—棘轮　5—重物

考试要点

1. 选择题

（1）自行车后轴上的飞轮实际上就是一个（　　）机构。

A. 棘轮　　　　　　　　　　B. 槽轮　　　　　　　　　　C. 不完全齿轮

（2）在双圆销外槽轮机构中，曲柄每旋转一周，槽轮运动（　　）次。

A. 1　　　　　　　　　　　　B. 2　　　　　　　　　　　　C. 3

（3）在棘轮机构中，增大曲柄的长度，棘轮的转角（　　）。

A. 减小　　　　　　　　　　B. 增大　　　　　　　　　　C. 不变

2. 判断题

（1）棘轮机构中棘轮的转角大小可以通过调节曲柄的长度来改变。　　　　　（　　）

（2）槽轮机构中，槽轮是主动件。　　　　　　　　　　　　　　　　　　（　　）

（3）槽轮机构与棘轮机构一样，可以方便地调节槽轮转角的大小。　　　　（　　）

实践与认识

1. 参观卧式车床，观察其主轴箱传动系统的变速、变向。

2. 仔细观察牛头刨床工作台横向进给机构中，棘轮机构的调节方法。

第4篇

轴 系 零 件

单元8　键、销及其联接

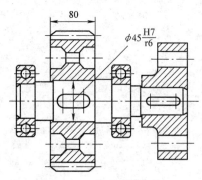

任务1　认识平键联接

知识目标：

1. 键联接的类型。
2. 平键联接的类型与特点。
3. 平键的选择与标记。

技能目标：

1. 了解键联接的常用类型及特点。
2. 掌握平键的选择方法与标记方法。

任务描述

如图 4-1 所示为减速器输出轴，轴与齿轮采用键联接方式。已知装齿轮处轴的直径 $d = 45\text{mm}$，齿轮轮毂宽 $B = 80\text{mm}$，该轴传递的转矩 $T = 200\text{N·m}$，齿轮的材料为铸钢，载荷有轻微冲击。试确定键联接的类型和尺寸。

任务分析

键联接、花键联接及销联接是常用的轴毂联接方式，要正确选用键联接的类型和尺寸，必须熟悉键联接的类型及特点，还应掌握有关键联接的强度计算方法，以便对轴进行强度校核。

图 4-1　减速器输出轴

相关知识

1. 键联接的类型及特点

键联接主要用于轴和轴上零件的周向固定并传递转矩，有的键也兼有轴向固定作用或滑动作用。

（1）平键联接　平键联接的特点是键的两侧面是工作面，靠键与键槽的侧面挤压来传递转矩。平键联接不能承受轴向力，因而对轴上的零件不能起到轴向固定作用。按键的用途不同，平键联接可分为普通平键联接、导向平键联接和滑键联接。

平键联接具有结构简单、装拆方便、对中良好等优点。

普通平键主要用于静联接，即轴与轮毂之间无轴向相对移动。普通平键按端部形状不同分为 A 型（圆头）、B 型（平头）和 C 型（单圆头）三种形式，如图 4-2 所示。采用 A、C 型平键时，轴上的键槽用指形铣刀铣出，键在槽中固定良好，但当轴工作时，轴上键槽端部的应力集中较大。采用 B 型平键时，轴上的键槽用盘铣刀铣出，键槽两端的应力集中较小。C 型平键常用于轴端的联接。轮毂上的键槽一般用插刀或拉刀加工。

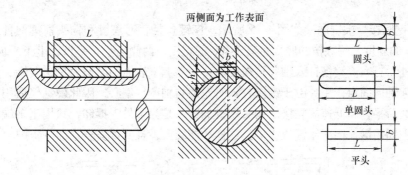

图 4-2　普通平键联接及普通平键的形式

被联接的轴上零件在工作中必须作轴向移动时，可采用导向平键。导向平键是一种较长的平键，用于轴上零件轴向移动量不大的场合，如变速器中的滑移齿轮。如图 4-3a 所示，由于轴上零件要沿轴向移动，且键又较长，因此要用螺钉固定在轴槽中，为了拆卸方便，在键的中间设有起键用的螺孔。

滑键联接是将键固定在轮毂上，随轮毂一起沿轴槽移动。滑键联接的特点是：当轴上零件滑移距离较大时，因过长的平键制造困难，故不宜采用导向平键联接，而宜采用滑键，且需要在轴上加工长的键槽；滑键固定在轮毂上时，轴上的键槽与键是间隙配合，当轮毂移动时，键随轮毂沿键槽滑动，轮毂带动滑键在轴槽中作轴向移动，如图 4-3b 所示。

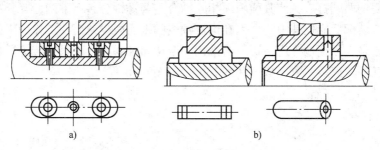

a)　　　　　　　　　　　　　b)

图 4-3　导向平键联接和滑键联接

a）导向平键联接　b）滑键联接

（2）半圆键联接　半圆键联接如图 4-4 所示。半圆键的两个侧面为两个相互平行的半圆形，工作时靠两侧面传递转矩。半圆键的特点是能在轴的键槽内摆动，以适应轮毂底面的斜度，用于静联接，安装方便，尤其适用于锥形轴与轮毂的联接。由于键槽较深，对轴的强度影响较大，一般只用于轻载场合。

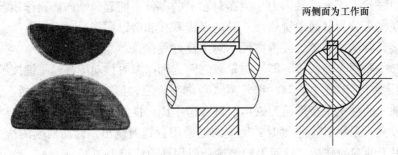

图 4 - 4 半圆键联接

（3）楔键联接 楔键联接如图 4 - 5 所示，楔键包括普通楔键和钩头楔键两种。楔键的上表面有 1:100 的斜度，轮毂槽的底面也有 1:100 的斜度，两侧面互相平行，上下平面是工作面。装配时需靠外力打入。键楔打入轴和轮毂槽后，依靠上下表面的摩擦力传递转矩，并能承受单向轴向力而起轴向固定作用。由于键楔打入时轮毂与轴产生偏心，因此楔键仅适用于定心精度要求不高、载荷平稳和低速的联接。钩头楔键的钩头是为了易于拆卸，只用于轴端联接。为了安全，如在中间用键，槽应比键长 2 倍，这样才能装入，且要罩安全罩加以防护。

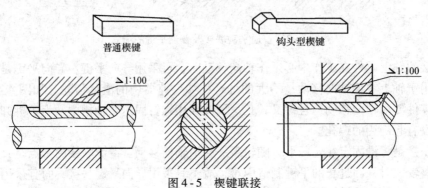

图 4 - 5 楔键联接

（4）切向键联接 切向键是由一对斜度为 1:100 的普通楔键组合而成的，装配时，两个楔键分别从轮毂的两端打入，使其两斜面相互贴合，两键拼合后上下两面互相平行，构成切向键的工作面，装配后应使其中一个面在通过轴线的平面内，从而使工作面上的压力沿轴的切线方向作用，最大限度地传递转矩。若采用一个切向键联接，则只能传递单向的转矩；若需要传递双向转矩，应装两个互成 120°～135°，如图 4 - 6 所示。

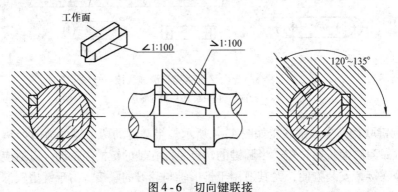

图 4 - 6 切向键联接

2. 平键联接的选择、标记与强度校核

（1）平键的选用原则　平键是标准件，设计时可根据具体条件选择键的类型和尺寸。键的类型应根据键联接的结构特点、使用要求和工作条件来选择。键的主要尺寸为其截面尺寸（键宽 $b \times$ 键高 h）与长度 L。键的截面尺寸按轴的直径 d 由标准中选定，见表 4-1。键的长度 L 一般应等于或略小于轮毂的长度，并符合标准规定的长度系列。导向平键的长度则应按零件所需滑动的距离确定。重要的键联接在选出键的类型和尺寸后，还应进行强度校核计算。

（2）平键的标记　按照 GB/T 1096—2003《普通型平键》的规定，平键标记为：GB/T 1096 键类型 $b \times h \times L$，对于圆头普通平键（A 型），标记字母 A 可以省略不标。

例如：键截面尺寸 $b \times h = 16\text{mm} \times 10\text{mm}$，键长 $L = 100\text{mm}$ 的平头普通平键标记为

GB/T 1096 键 B16 × 10 × 100

表 4-1　平键联接尺寸（摘自 GB/T 1096—2003）　　　（单位：mm）

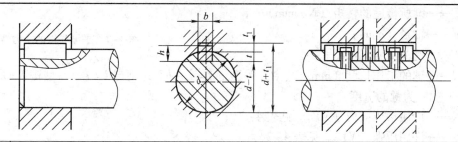

轴	键			键　槽									
				宽度 b				深度				半径 r	
					极限偏差								
公称直径 d	b h9	h h11	L h14	较松键联接		一般键联接		较紧键联接	轴 t		毂 t_1		
				轴 H9	毂 D10	轴 N9	毂 Js9	轴和毂 P9	公称尺寸	极限偏差	公称尺寸	极限偏差	最小	最大
>10～12	4	4	8～45	+0.030 0	+0.078 +0.030	0 −0.030	±0.015	−0.012 −0.014	2.5	+0.1 0	1.8	+0.1 0	0.08	0.16
>12～17	5	5	10～56						3.0		2.3			
>17～22	6	6	14～70						3.5		2.8		0.16	0.25
>22～30	8	7	18～90	+0.036 0	+0.098 +0.040	0 −0.036	±0.018	−0.015 −0.051	4.0		3.3			
>30～38	10	8	22～110						5.0		3.3			
>38～44	12	8	28～140	+0.043 0	+0.120 +0.050	0 −0.043	±0.0215	−0.018 −0.061	5.0	+0.2 0	3.3	+0.2 0	0.25	0.40
>44～50	14	9	36～160						5.5		3.8			
>50～58	16	10	45～180						6.0		4.3			
>58～65	18	11	50～200						7.0		4.4			
>65～75	20	12	56～220	+0.052 0	+0.149 +0.065	0 −0.052	±0.026	−0.022 −0.074	7.5		4.9			
>75～85	22	14	63～250						9.0		5.4		0.40	0.60
>85～95	25	14	70～280						9.0		5.4			
95～110	28	16	80～320						10.0		6.4			
L 系列	6，8，10，12，14，16，18，20，22，25，28，32，36，40，45，50，56，63，70，80，90，100，110，125，140，160，180，200，220，250，280，320，360，400，450，500												

注：1. 在工作图中，轴槽深用 t 或 $(d-t)$ 标注，但 $(d-t)$ 的偏差应取负号；毂槽深用 t_1 或 $(d+t_1)$ 标注；轴槽的长度公差 H14。

　　2. 较松键联接用于导向平键；一般键联接用于载荷不大的场合；较紧键联接用于载荷较大、有冲击和双向转矩的场合。

（3）平键联接的强度校核

1）平键联接的失效形式。普通平键联接为静联接，其主要失效形式是工作面的压溃。导向平键联接和滑键联接为动联接，其主要失效形式是工作面的磨损。除非有严重过载，一般情况下，键不会被剪断。

2）平键联接的强度计算。平键联接的受力情况如图4-7所示。

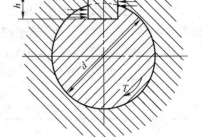

图4-7 平键联接的受力情况

对于静联接，应校核挤压强度

$$\sigma_p = \frac{4T}{dhl} \leq [\sigma_p] \qquad (4-1)$$

对于动联接，应校核压强

$$p = \frac{4T}{dhl} \leq [p] \qquad (4-2)$$

式中 T——键所传递的转矩（N·mm）；

d——轴径（mm）；

h——键的高度（mm）；

l——键的工作长度（mm。其中，A 型键 $l = L - b$，B 型键 $l = L$，C 型键 $l = L - b/2$，b 为键的宽度）；

$[\sigma_p]$——许用挤压应力（MPa。见表4-2）；

$[p]$——许用压强（MPa。见表4-2）。

表4-2 键的许用挤压应力、许用压强和需要切应力　　　（单位：MPa）

许用值	联接方式	联接中较弱零件的材料	载荷性质		
			静载荷	轻微冲击	冲击
$[\sigma_P]$	静联接	钢	120~150	100~120	60~90
		铸铁	70~80	50~60	30~45
$[p]$	动联接	钢	50	40	30
$[\tau]$	静联接	钢	120	100	65

在平键联接强度计算中，如强度不足，可采用双键，并使双键相隔180°布置。在强度计算中，考虑到键联接载荷分配的不均匀性，在强度校核中只按1.5个键计算。

🔺 任务实施

1. 选择键的类型

为保证齿轮啮合良好，要求轴毂对中性好，故选用 A 型普通平键联接。

2. 选择键的主要尺寸

按轴径 $d = 45$mm，由表4-1查得键宽 $b = 14$mm，键高 $h = 9$mm，键长 $L = 80$mm－（5~10）mm ＝ 75~70mm，根据键长标准值，取 $L = 70$mm。

3. 校核键联接强度

由表4-2查铸铁材料 $[\sigma_P]$ ＝50~60MPa，由式（4-1）计算键联接的挤压强度，即

$$\sigma_{\mathrm{P}} = \frac{4T}{dhl} = \frac{4 \times 200000}{45 \times 9 \times (70-14)}\mathrm{MPa} = 35.27\mathrm{MPa} < [\sigma_{\mathrm{P}}]$$

所选键联接强度足够。

4. 键联接公差与标注

所选择的平键为

GB/T 1096 键 $14 \times 9 \times 70$

轴、毂键槽的公差标注如图4-8所示。

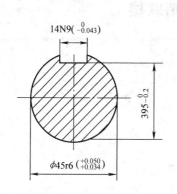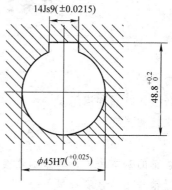

图4-8　轴、毂键槽的公差标注

考试要点

1. 填空题

(1) _____键联接，即可传递转矩又可承受单向轴向载荷，但容易破坏轴与轮毂的对中性。

(2) 在普通平键联接中，平键的工作面是_____，其最主要的失效是_____。

(3) 切向键工作时是靠工作面的_____和_____传递转矩。

2. 选择题

(1) 普通平键的截面尺寸是根据（　　）按标准选取的。

A. 传递转矩的大小　　　B. 轮毂的长度　　　　C. 轴的转速　　　　D. 轴的直径

(2) （　　）联接可以传递轴向力。

A. 普通平键　　　　　　B. 半圆键　　　　　　C. 楔键　　　　　　D. 切向键

(3) 普通平键联接的主要用途是使轴与轮毂之间（　　）。

A. 沿轴向固定并传递轴向力　　　　　　B. 沿轴向可作相对滑动并具有导向作用

C. 沿周向固定并传递转矩　　　　　　　D. 安装与装拆方便

(4) 当键联接强度不足时，可采用双键。使用两个平键时，要求键（　　）布置。

A. 在同一直线上　　　B. 相隔$90°$　　　　C. 相隔$120°$　　　　D. 相隔$180°$

(5) 当轮毂轴向移动距离较小时，可以采用（　　）联接，当轴向移动距离较大时，可以采用（　　）联接。

A. 普通平键　　　　　　B. 半圆键　　　　　　C. 导向平键　　　　D. 滑键

(6) 半圆键联接具有（　　）特点。

A. 对轴强度削弱小
B. 调心性好

C. 工艺性差，装配不方便
D. 承载能力大

3. 简答题

（1）如何选用平键的主要尺寸？

（2）平键联接时如果采用单个键强度不够，应采取什么措施？若采用双键，应该如何布置？

（3）导向平键与滑键各用于什么场合？

任务2　认识销联接

知识目标：

1. 销的类型。

2. 销联接的特点和应用。

3. 销联接的强度计算。

技能目标：

1. 了解销的基本形式，掌握销联接的应用特点。

2. 掌握销联接的强度计算。

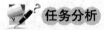 **任务描述**

如图 4-9 所示的安全联轴器，传递的最大转矩 $T_{max} = 600N \cdot m$。已知安全销用 45 钢正火，销数 $z = 2$，销中心所在圆的直径 $D_0 = 80mm$，若销的抗剪强度 $\tau_b = 420MPa$。试确定此安全销的最大直径。

任务分析

安全销在安全联轴器装置中起过载保护作用，当负载转矩超过允许的最大转矩时安

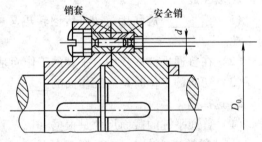

图 4-9　安全销和安全联轴器

全销将被剪断。通过实施本任务，有助于熟悉销联接的类型、特点及应用，掌握有关销联接的强度计算方法，以便对销联接进行强度校核。

相关知识

1. 销联接的作用

销是标准件，根据销联接的作用，销可分为联接销、定位销和安全销等。

1）联接销：主要用于零件间的联接或锁定，可传递不大的载荷，如图 4-10 所示。

2）定位销：用于确定零件之间的相对位置，常用作组合加工和装配时的主要辅助零件，如图 4-11 所示。

3）安全销：可作为安全装置中的被剪断零件，起过载保护作用，如图 4 - 9 所示。

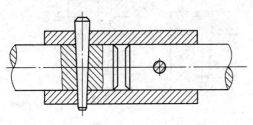

图 4 - 10 传递横向力和转矩的销

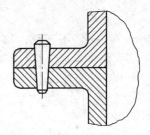

图 4 - 11 作定位用的销

2. 销联接的类型、特点及应用

根据销的形状，销分为圆柱销、圆锥销和开口销等。常用的销的类型、特点和应用见表 4 - 3。

表 4 - 3 常用的销的类型、特点和应用

类型		图形	特点和应用
圆柱销	普通圆柱销		主要用于定位，也可用于联接，只能传递不大的载荷。内螺纹圆柱销多用于盲孔，内螺纹供拆卸用。弹性圆柱销具有弹性，不易松脱，销孔精度要求低，互换性好，可多次装拆，用于有冲击、振动的场合
	内螺纹圆柱销		
	弹性圆柱销		
圆锥销	普通圆锥销		主要用于定位，也可用于固定零件，传递动力，受横向力时能自锁。定位精度比圆柱销高，多用于经常装拆的场合。螺纹供拆卸用
	内螺纹圆锥销		
	螺尾圆锥销		
开口销			工作可靠、装拆方便，可用于锁定其他坚固件，以防止松脱，常与槽型螺母合用

圆柱销（图 4 - 12a）主要用作定位销，也可作为联接销和安全销，利用微量过盈配合固定在销孔中，多次装拆后会降低定位精度和联接的可靠性，故只适用于不经常拆卸的场合。圆锥销（图 4 - 12b）主要用于定位，圆锥销和销孔均有 1:50 的锥度，装拆方便，有可靠的自锁性能，定位精度高，多次装拆不影响定位精度。图 4 - 12c 所示为大端带外螺纹的圆锥销，便于装拆，可用于盲孔；图 4 - 12d 所示为小端带外螺纹的圆锥销，可用螺母锁紧，适用于有冲击的场合。

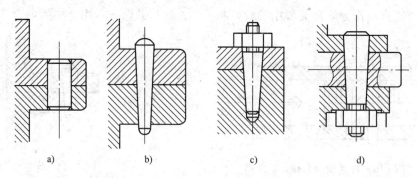

图 4-12 销联接

a）圆柱销　b）圆锥销　c）大端带外螺纹的圆锥销　d）小端带外螺纹的圆锥销

3. 圆柱销的强度计算

根据抗剪强度条件，销联接不失效（销不被剪断）的强度条件为

$$\tau = \frac{Q}{A} \geq \tau_b \tag{4-3}$$

式中　τ——圆柱销的抗剪强度（MPa）；

Q——单个圆柱销承受的剪切力（N）；

A——圆柱销危险截面面积（mm^2）；

τ_b——圆柱销材料的抗剪强度（MPa）。

由式（4-3）可得，销联接的设计公式为

$$d \geq 1.13\sqrt{\frac{Q}{\tau_b}} \tag{4-4}$$

式中　d——圆柱销的直径（mm）。

任务实施

1. 安全销抗剪强度计算

为保证安全联轴器正常工作，当联轴器传递的转矩大于最大转矩 T_{max} 时，安全销应该被剪断，因此安全销的抗剪强度应该满足

$$\tau = \frac{Q}{A} \leq \tau_b$$

即

$$\frac{2T_{max}}{D_0 z \dfrac{\pi d^2}{4}} \leq \tau_b$$

2. 计算安全销的直径

$$d \geq 1.6\sqrt{\frac{T_{max}}{D_0 z \tau_b}} = 1.6\sqrt{\frac{600 \times 10^3}{80 \times 2 \times 420}}\,mm = 4.8mm$$

3. 确定圆柱销最大直径

由计算结果可知，此安全销最大直径选为 4.8mm。

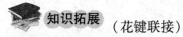 知识拓展 （花键联接）

花键联接是由带多个纵向凸齿的轴和带有相应齿槽的轮毂孔组成的，分别称为外花键和内花键，如图 4 - 13 所示。齿的侧面为工作面，依靠这些齿侧面的相互挤压来传递转矩。与平键联接相比，花键联接由于键齿较多、齿槽较浅，因此能传递较大的转矩，对轴的强度削弱较小，且使轴上零件与轴的对中性和沿轴移动的导向性都较好，但其加工复杂、制造成本高。

图 4 - 13　外花键和内花键

花键联接一般用于定心精度要求高、载荷大或需要经常滑移的重要联接。花键联接按其剖面形状不同可以分为矩形花键联接、渐开线花键联接和三角形花键联接等。前者应用最广，因为它具有良好的导向性和定心精度，承载能力强，且加工方便。

矩形花键联接有三种定心方式（图 4 - 14）：大径定心、小径定心及键的两侧面定心。

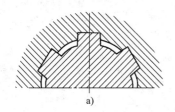 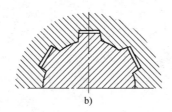 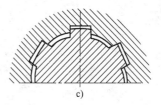

图 4 - 14　矩形花键联接及其定心方式

a）按大径定心　b）按小径定心　c）按侧面定心

渐开线花键联接的定心方式有两种：齿型定心具有自动定心作用，有利于各齿受力均匀，应用很广；按大径定心需要专用的滚刀和插刀切齿，常用于径向载荷较大的动联接。

三角形花键的齿较细，是用于载荷很轻或薄壁零件的轴毂联接，也可用作锥形轴联接的辅助联接。

 考试要点

1. 填空题

（1）圆柱销和圆锥销的作用有_____、_____和_____三种。

（2）销按形状进行分类，可分为_____、_____和_____。

2. 选择题

（1）圆锥销具有（　　）的锥度，所以不容易松动。

A. 1:100   B. 1:50   C. 1:25

（2）紧定螺钉能使零件位置固定，并（　　）力或力矩。

A. 不能传递   B. 可传递不太大的   C. 能传递很大的

3. 简答题

（1）销联接有哪些作用？

（2）联接销用于传递转矩时，与键联接相比，存在哪些特点？

单元 9　轴

任务 1　认识轴的分类与材料

知识目标：

1. 轴的类型。
2. 轴的常用材料。
3. 轴径的确定。

技能目标：

1. 了解轴的分类。
2. 了解轴的常用材料。
3. 掌握轴径的确定方法。

 任务描述

如图 4-15 所示为减速装置传动简图，已知减速器输出轴传递的功率 $P = 17kW$，转速 $n = 600r/min$，分析输出轴需采用什么材料，轴径是如何确定的。

任务分析

通过对减速装置的传动分析可知，轴在工作过程中，要承受一定力的作用，经过一段时间后，还会出现磨损或损坏等现象。因此，在进行轴的设计时，要选用适宜的材料，确定合适的轴径。

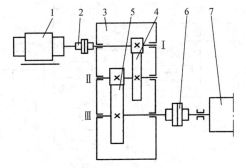

图 4-15　减速装置传动简图
1—电动机　2、6—联轴器
3—齿轮减速器　4—高速级齿轮传动
5—低速级齿轮传动　7—工作机械

相关知识

轴是组成机器的重要零件之一，轴的主要功能是支承传动件（如齿轮、带轮等）并通过轴承传递转矩和运动。轴工作状况的好坏直接影响到整台机器的性能和质量。轴的设计主要包括轴的材料选择、轴的结构设计及强度计算等内容。轴的材料选择是否合适，结构设计是否正确、合理，将直接影响轴的工作能力及各传动零件的工作可靠性，从而影响整台机器的工作性能。

1. 轴的类型

按照所受载荷的不同，轴可分为三类：

1）心轴。工作时只承受弯曲载荷而不传递转矩的轴，称为心轴。

当心轴随轴上回转零件一起转动时称为转动心轴，如火车轮轴（图4-16a），而相对机架固定不动的心轴称为固定心轴，如自行车的前轮轴（图4-16b）等。

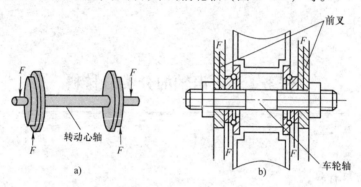

图4-16 心轴
a）火车轮轴 b）自行车前轮轴

2）转轴。工作时既受弯矩又受转矩的轴，称为转轴，如减速器中的轴（图4-17），转轴是机械中最为常见的轴。

3）传动轴。工作时只传递转矩而不承受弯矩或所受弯矩很小的轴称为传动轴，如汽车的传动轴（图4-18）等。

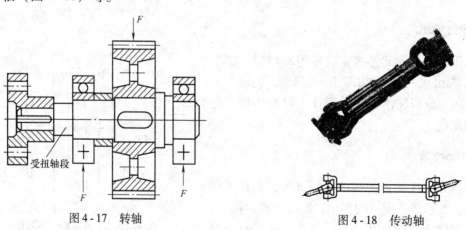

图4-17 转轴   图4-18 传动轴

根据轴的几何形状，轴一般分为直轴、曲轴和挠性钢丝轴（图4-19）。其中直轴又可分为光轴（等直径轴）和阶梯轴，光轴主要用于心轴和传动轴，而阶梯轴主要用于转轴。在一般机械传动中，阶梯轴通常做成中间直径大、两端直径小的形状，能使轴上零件的定位可靠、装拆方便，又能使轴接近于等强度轴，因而得到了广泛应用。

2. 轴的材料

轴的失效多为疲劳破坏，所以轴的材料应满足强度、刚度、耐磨性等方面的要求，常用

直轴

曲轴

挠性钢丝轴

图 4-19　轴的类型

的材料有：

（1）碳素钢　对较重要或传递载荷较大的轴，常用 35、40、45 和 50 号优质碳素钢，其中 45 钢应用最广泛。这类材料的强度、塑性和韧性等都比较好。进行调质或正火处理可提高其力学性能。对不重要或传递载荷较小的轴，可用 Q235、Q275 等普通碳素钢。

（2）合金钢　合金钢具有较好的力学性能和淬火性能，但对应力集中比较敏感，价格较高，多用于有特殊要求的轴，如要求重量轻或传递转矩大而尺寸又受到限制的轴。常用的低碳合金钢有 20Cr、20CrMnTi 等，一般采用渗碳淬火处理，使表面耐磨性和芯部韧性都较好。合金钢与碳素钢的弹性模量相差不多，故不宜用合金钢来提高轴的刚度。

（3）球墨铸铁　球墨铸铁具有价廉、吸振性好、耐磨，对应力集中不敏感，容易制成复杂形状的轴等特点，但品质不易控制，可靠性差。

轴的毛坯多数为轧制的圆钢和锻件。当轴颈较小而又不太重要时，可采用轧制圆钢，重要的轴以及阶梯尺寸变化大的轴应当采用锻造坯件，对于大型的低速轴，也可采用铸件。

3. 轴径的确定

减速器输出轴的各部分均是经计算设计并按标准直径系列（表 4-4）圆整后得到的，其中轴径直径尺寸还必须符合滚动轴承的内径标准，轴的直径可根据强度计算确定。

表 4-4　标准直径系列（摘自 GB/T 2822—2005）　　　　　（单位：mm）

10	11.2	12.5	13.2	14	15	16	17	18	19	20	21.2
22.4	23.6	25	26.5	28	30	31.2	33.5	35.5	37.5	40	42.5
45	47.5	50	53	56	60	63	67	71	75	80	85
90	95	100	106	112	118	125	132	140	150	160	170

轴径的强度计算公式如下

$$d \geqslant C \sqrt[3]{\frac{P}{n}} \qquad (4-5)$$

式中　d——轴径（mm）；

　　　P——轴传递的功率（kW）；

　　　n——轴的转速（r/min）；

　　　C——按 $[\tau]$ 而定的系数，$[\tau]$ 为轴的许用应力，见表 4-5。

表4-5　几种常用材料的 $[\tau]$ 及 C 值

轴的材料	Q235-A	Q275、35	45	40Cr、35SiMn
$[\tau]$ /MPa	12~20	20~30	30~40	40~52
C	160~135	135~120	120~110	110~100

注意：按式（4-5）计算所得的直径 d，当轴上开有一个键槽时应加大5%，开有两个键槽时应加大10%，然后按表4-5圆整。

任务实施

1. 输出轴的材料

为了满足使用要求，该轴选用了45钢并经适当热处理。

2. 确定轴径

选择轴的材料及最小直径。

轴采用45钢并正火处理，根据式（4-5），C 值由表4-5查得，取 $C=120$，代入得

$$d \geq C\sqrt[3]{\frac{P}{n}} = 120\sqrt[3]{\frac{17}{600}}\,\text{mm} = 36.58\,\text{mm}$$

输出轴若采用单键，需将轴径加大5%，则轴径为

$$36.58 \times 105\%\,\text{mm} = 38.41\,\text{mm}$$

按表4-4圆整至 $d=40\text{mm}$。

考试要点

1. 填空题

（1）如将轴类零件按受力方式分类，可将受_____作用的轴称为心轴，受_____作用的轴称为传动轴，受_____作用的轴称为转轴。

（2）根据轴的承载情况，自行车的前、后轴属于_____轴，中轴属于_____轴。

（3）制造轴的材料常用_____、_____和_____等。

2. 选择题

（1）工作时只承受弯矩，不传递转矩的轴，称为（　　）。

A. 心轴　　　　　　B. 转轴　　　　　　C. 传动轴　　　　　　D. 曲轴

（2）根据轴的承载情况，（　　）的轴称为转轴。

A. 既承受弯矩又承受转矩　　　　　　C. 不承受弯矩只承受转矩

B. 只承受弯矩不承受转矩　　　　　　D. 承受较大轴向载荷

（3）既传递转矩，又承受弯矩的轴称为（　　）。

A. 转动心轴　　　　　B. 固定心轴　　　　　C. 转轴　　　　　D. 传动轴

3. 简答题

（1）什么是心轴、传动轴和转轴？

（2）从生活中，分别举出几个心轴、传动轴、转轴的例子。

任务2　如何实现零部件在轴上的固定

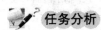 **任务描述**

　　如图 4-20 所示的减速器输出轴，分析该轴的结构，并指出轴承、齿轮、联轴器等零部件在轴上是如何实现合理固定的。

任务分析

　　从节省材料、减轻轴的重量、减小轴的转动惯量和便于轴上零部件的拆装等因素考虑，应对轴的结构进行合理设计。同时，为保证轴上各零部件的正常工作，零部件在轴上的固定位置必须确定，而且零部件与轴的相对运动关系也应确定，这些都涉及轴的结构设计与轴上零部件在轴向和周向的定位问题。

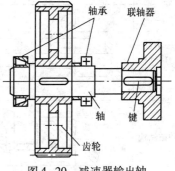

图 4-20　减速器输出轴

 相关知识

1. 轴的组成部分

　　如图 4-21 所示为减速器输出轴的各部分名称。其中，安装轴承的部分称为轴颈；安装齿轮、联轴器等回转零件的部分称为轴头（其中外伸的轴头又称为轴伸）；连接轴头和轴颈的部分称为轴身；轴上截面尺寸发生变化的阶梯部位称为轴肩或轴环，轴肩又分为定位轴肩和非定位轴肩两类。

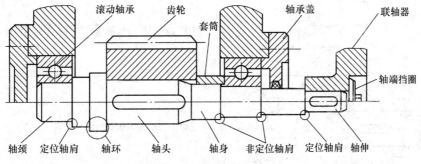

图 4-21　轴的各部分名称

轴通常由轴头、轴颈、轴肩、轴环、轴端及不装任何零件的轴段等部分组成。根据轴颈所在的位置又可以分为端轴颈（位于轴的两端，只承受弯矩）和中轴颈（位于轴的中间，同时承受弯矩和转矩）。根据轴颈所受载荷的方向，轴颈又可分为承受径向力的径向轴颈（简称轴颈）和承受轴向力的止推轴颈。轴颈和轴头的直径应该取标准值，直径的大小由与之相配合部件的内孔决定。轴身尺寸应取以毫米为单位的整数，最好取为偶数或5进位的数。

2. 零件在轴上的固定

为了保证零件在轴上具有确定的工作位置并能与轴连接为一体，零件在轴上既要轴向固定，又要周向固定。

（1）轴上零件的轴向固定方法　轴上零件的轴向固定是为了防止在轴向力作用下零件沿轴线移动。固定方法有轴肩、轴环、套筒、圆螺母、弹性挡圈、轴端挡圈、圆锥形轴头、紧定螺钉等。其特点和应用见表4-6。

表4-6　轴上零件的轴向定位和固定方法

固定方式	结构图形	应用说明
轴肩或轴环结构	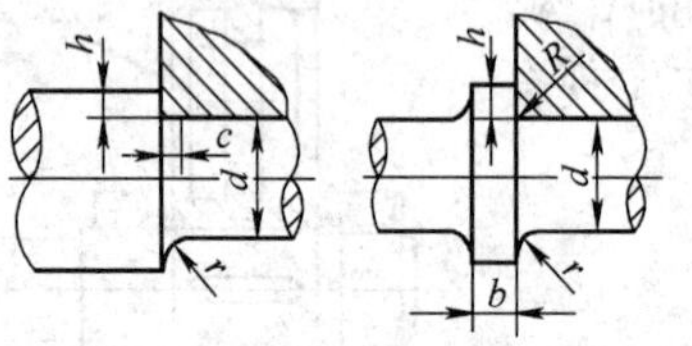	固定可靠，承受轴向力大，轴肩、轴环高度 h 应大于轴的圆角半径 R 和倒角高度 C，一般取 $h_{min} \geqslant (0.07 \sim 0.1)\ d$；但安装滚动轴承的轴肩、轴环高度 h 必须小于轴承内圈高度 h_1（由轴承标准查取），以便轴承的拆卸。轴环宽度 $b \approx 1.4h$
套筒结构	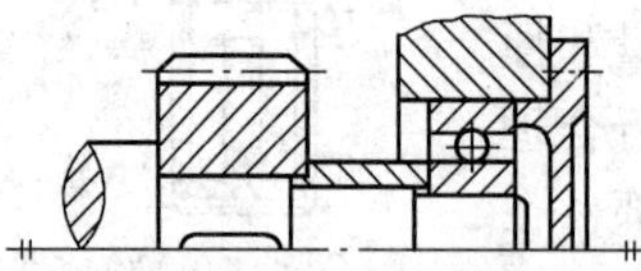	同上，多用于两个相距不远的零件之间
圆螺母与垫圈结构	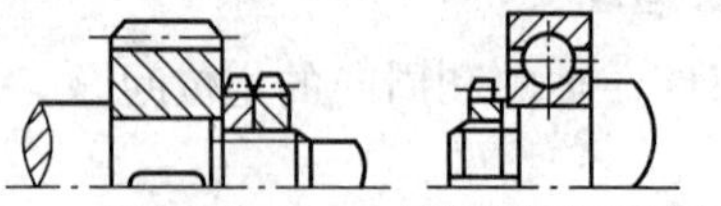 双圆螺母　　圆螺母与止动垫圈	常用于轴承之间距离较大且轴上允许车制螺纹的场合
弹性挡圈结构	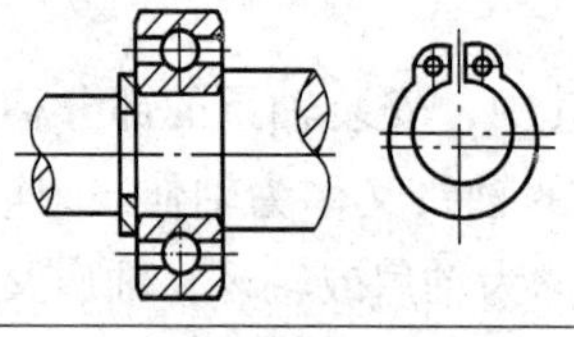	承受轴向力小或不承受轴向力的场合，常用作滚动轴承的轴向固定
轴端挡圈结构	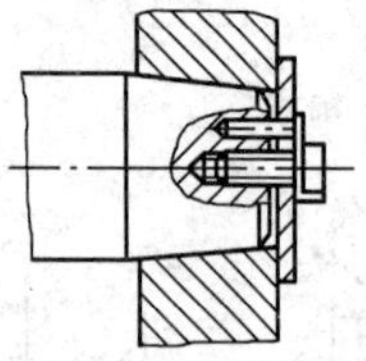	用于轴端要求固定可靠或承受较大轴向力的场合
紧定螺钉结构	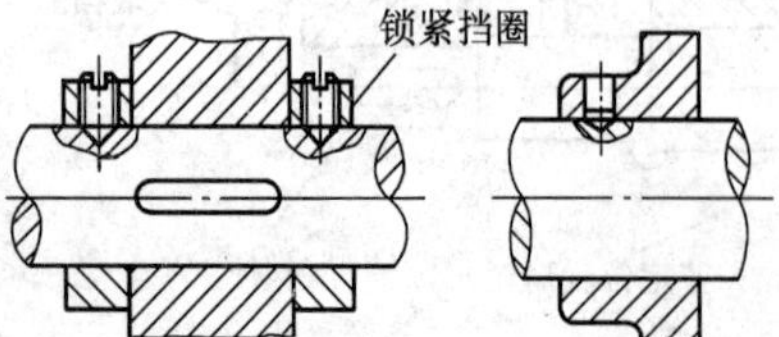 锁紧挡圈 	承受轴向力小或不承受轴向力的场合

（2）轴上零件的周向固定方法　为了可靠地传递运动和动力，防止轴上零件与轴发生相对转动，常采用键联接、销联接或过盈配合联接等方式对轴上零件进行周向固定。例如对于齿轮与轴，通常可采用平键联接作为周向固定；若工作中受到较大的冲击、振动或常有过载，则可采用过盈配合加键联接作为周向固定；对于轻载或不重要的场合，可采用销联接或紧固螺钉联接作为周向固定；滚动轴承与轴常采用过盈配合联接；受力较大且要求零件作轴向移动时则采用花键联接。

3. 轴的结构工艺性

为了便于轴的加工和测量，方便轴上零件的装配、调整和维修，轴的结构应具有良好的工艺性。设计时应注意以下几个方面：

1）轴的形状和结构应力求简单，为便于零件的装配，避免擦伤配合表面，轴的两端及过盈配合的台阶处都应制出倒角。

2）为减少应力集中，相邻轴段的直径变化不应过大，并采用圆角过渡且圆角半径不宜过小；固定可靠，承受轴向力大，轴肩、轴环高度 h 应大于轴的圆角半径 R 和倒角高度 C，一般取 $h_{min} \geq (0.07 \sim 0.1)d$；但安装滚动轴承的轴肩、轴环高度 h 必须小于轴承内圈高度 h_1（由轴承标准查取），以便轴承的拆卸，轴环宽度 $b \approx 1.4h$，如图 4-22 所示。

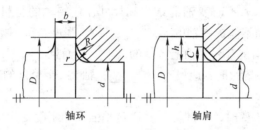

图 4-22　轴环或轴肩过渡圆角与相配合零件圆角（或倒角）的关系

3）在用套筒、圆螺母、弹性挡圈等作轴向固定时，应把与零件配合的轴段长度做得比零件轮毂略短 2~3mm，以确保套筒、螺母或轴端挡圈等能靠紧零件端面，如图 4-23 所示。

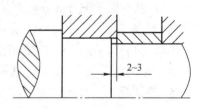

图 4-23　轴段长度与相配合
零件轮毂宽度关系

4）为加工和装配方便，一根轴的各轴段上的键槽应开在同一素线上（图 4-24a）；轴上需磨削的部分，应有砂轮越程槽（图 4-24b）；车制螺纹的部分，应有退刀槽，退刀槽或砂轮越程槽尽可能取相同宽度（图 4-24c）。同一轴上所有圆角半径、倒角尺寸、退刀槽宽度应尽可能统一。

5）当采用过盈配合联接时，与零件相配合的轴段部分，常加工成导向锥面。若还附加键联接，则键槽的长度应延长到锥面处，便于轮毂上键槽与键对中，如图 4-24d 所示。

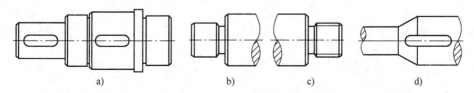

a)　　　　　　　　b)　　　　c)　　　　　　d)

图 4-24　轴的结构工艺性

任务实施

图 4-20 所示的减速器输出轴，中间尺寸大、两端小，便于装拆轴上的零件；在轴端、轴颈与轴肩的过渡部分都有倒角或过渡圆角，以消除或减小应力集中，增加轴的强度和提高轴的寿命；在与齿轮孔配合的轴头还设计了导向锥面。

1. 轴上零件的轴向固定

减速器输出轴上的各传动件均进行了轴向固定，其中左端面轴承采用了轴肩和轴承盖固定，齿轮采用了轴环和轴套固定，右端面轴承采用了轴套和轴承盖固定，联轴器采用了轴肩和轴端挡圈固定。

2. 轴上零件的周向固定

减速器输出轴上的各传动件在轴向固定的同时，也进行了相应的周向固定。其中滚动轴承与轴采用了过盈配合联接，齿轮、联轴器与轴采用了键联接。

考试要点

1. 填空题

（1）同一工作条件，若不改变轴的结构和尺寸，仅将轴的材料由碳钢改为合金钢，可以提高轴的_____，而不能提高轴的_____。（A. 强度、B. 刚度）

（2）轴采用阶梯结构是有利于轴上零件的_____而且_____。

（3）当轴上需要切制螺纹时，应设有_____；轴上需要磨削的轴段，应留有_____。

2. 选择题

（1）当轴传递功率不变时，增加轴的转速对轴强度和刚度变化（　　　）。

A. 有所削弱　　　　B. 有所提高　　　　C. 没有变化　　　　D. 无法判断

（2）轴与轴承配合部分称为（　　　）。

A. 轴颈　　　　B. 轴肩　　　　C. 轴头

（3）轴的两端面应有 45° 的倒角，是为了（　　　）。

A. 便于加工　　　　B. 减轻重量　　　　C. 便于安装

3. 简答题

（1）轴的结构应满足哪些要求？

（2）为了提高轴的刚度，把轴的材料由 45 钢换成为 40Cr 等合金钢是否合适，为什么？

（3）用合金钢代替优质碳素钢就一定能提高轴的疲劳强度吗？为什么？设计轴时，若采用合金钢，应注意什么问题？

单元10 轴承

10

任务1 认识滑动轴承

> **知识目标：**
>
> 　1. 滑动轴承的类型与特点。
>
> 　2. 常用向心滑动轴承的结构形式及应用特点。
>
> 　3. 滑动轴承的润滑。
>
> **技能目标：**
>
> 　1. 了解滑动轴承的类型、组成和径向滑动轴承的结构形式及应用特点。
>
> 　2. 了解轴瓦的结构要求。
>
> 　3. 了解滑动轴承的润滑。
>
> 　4. 掌握滑动轴承材料选用和润滑方式的选择。

任务描述

　　试设计一蜗轮轴上的滑动轴承，确定滑动轴承的类型、材料、结构和润滑方式。已知该轴承的轴颈直径 $d=100\text{mm}$，轴承宽度 $B=60\text{mm}$，承受径向平均载荷 $P=42000\text{N}$，最大载荷 $P_{\text{max}}=47500\text{N}$，轴在正常工作时的转速 $n=350\text{r/min}$，工作温度区间为 5℃~90℃，非间歇性工作，不承受弯曲变形。轴颈经淬火后硬度值达到 220HBW。

任务分析

　　滑动轴承具有承载能力强，耐冲击载荷，工作平稳，噪声低，结构简单，径向尺寸小等特点。滑动轴承的设计，一般按照以下思路进行：

　　1）根据承受载荷情况（是受径向力还是轴向力）来确定选用滑动轴承的类型。

　　2）根据承受载荷的大小和转速的高低对轴承强度、滑动速度进行验算，确定滑动轴承的材料、结构。

　　3）选择润滑材料和润滑方式。

🔍 **相关知识**

轴承是支承轴的部件，根据轴承工作的摩擦性质，可分为滑动轴承和滚动轴承两大类。一般情况下，滚动摩擦小于滑动摩擦，因此滚动轴承应用很广泛，但滑动轴承具有工作平稳、无噪声、耐冲击、回转精度高和承载能力大等优点，所以在汽轮机、精密机床和重型机械中被广泛地应用。

1. 滑动轴承的类型与特点

滑动轴承按摩擦状态可分为液体摩擦滑动轴承和非液体摩擦滑动轴承，按轴承所承受载荷的方向不同分为向心滑动轴承和推力滑动轴承。

2. 常用径向滑动轴承的结构形式及应用特点

（1）向心滑动轴承

1）整体式滑动轴承。整体式滑动轴承如图 4 - 25 所示。轴承座通常采用铸铁材料，轴套采用减摩材料制成并镶入轴承座中，轴套上开有油孔，可将润滑油输入至摩擦面上。

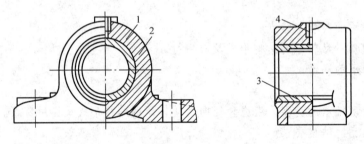

图 4 - 25　整体式滑动轴承
1—轴承座　2—轴瓦　3—轴套　4—油孔

2）剖分式滑动轴承。图 4 - 26 所示为剖分式滑动轴承，由轴承座 1、轴承盖 2、螺栓 3、上轴瓦 4、下轴瓦 5 等组成。轴承盖与轴承座的剖分面上设置有阶梯形定位止口，这样在安装时容易对中，并可承受剖分面方向的径向分力，保证联接螺栓不受横向载荷。

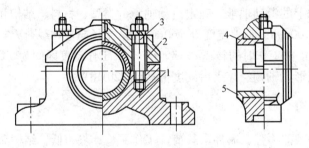

图 4 - 26　剖分式滑动轴承
1—轴承座　2—轴承盖　3—螺栓　4—上轴瓦　5—下轴瓦

3）调心式径向滑动轴承。当轴承宽度 B 较大时（$B/d > 1.5 \sim 2$，d 为轴承的直径），由于轴的变形、装配或工艺原因，会引起轴颈的偏斜，使轴承两端边缘与轴颈局部接触，将导致轴承两端边缘急剧磨损，如图 4 - 27a 所示。因此，在这种情况下，应采用调心式滑动轴承，如图 4 - 27b 所示。

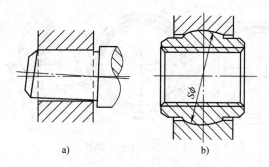

图 4 - 27　调心式滑动轴承

a）轴颈倾斜　b）调心式滑动轴承

（2）推力滑动轴承　推力滑动轴承（也称为止推滑动轴承）主要用来承受轴向载荷和轴向定位。推力滑动轴承轴颈的常见形式有实心、空心、环形和多环等几种，如图 4 - 28 所示。载荷较小时常采用空心式端面止推轴颈或单环式轴颈；载荷较大时，则采用多环式止推轴颈。

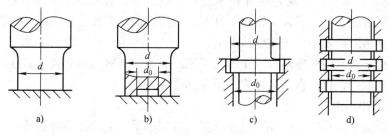

图 4 - 28　推力滑动轴承

3. 轴瓦的结构和轴承材料

（1）轴瓦的结构　轴瓦是滑动轴承中直接与轴径相接触的重要零件，它的结构形式和性能将直接影响轴承的寿命、效率和承载能力。滑动轴承轴瓦的结构可分为整体式和剖分式两种。整体式轴瓦是套筒形，结构简单，一般称为轴套（图 4 - 29a）。剖分式轴瓦多由两半组成（图 4 - 29b），拆装比较方便。为了改善摩擦、提高承载能力和节省贵重减摩材料，常在其内表面上浇注一层或两层减摩材料（如巴氏合金等），称为轴承衬，这种轴瓦称为双金属或三金属轴瓦（图 4 - 30）。

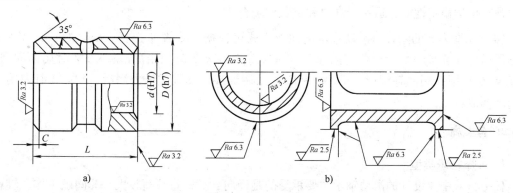

图 4 - 29　整体式轴套和剖分式轴瓦

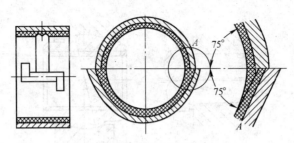

图 4 - 30　双金属轴瓦

（2）轴瓦（轴套）的材料　常用的轴承材料有下列几种：

1）青铜。青铜的摩擦系数小，耐磨性与导热性好，机械强度高，承载能力大，宜用于中速、中载或重载的场合。

2）轴承合金。由于其耐磨性、塑性、磨合性能好，导热及吸附油的性能也好，故适用于高速、重载或中速、中载的情况。但此种合金价格较贵，机械强度很低，不能单独制作轴瓦，使用时必须浇注在钢、铸铁或青铜轴瓦基体上作轴承衬使用。

3）其他材料。多孔质金属是一种粉末材料，它具有多孔组织，若将其浸在润滑油中，使微孔中充满润滑油，变成了含油轴承，具有自润滑性能。多孔质金属材料的韧性小，只适应于平稳的无冲击载荷及中、小速度情况下。

常用的轴承塑料有酚醛塑料、尼龙、聚四氟乙烯等，塑料轴承有较大的抗压强度和耐磨性，可用油和水润滑，也有自润滑性能，但导热性差。

4. 滑动轴承的润滑

轴承润滑是为了减小摩擦损耗，减轻磨损，冷却轴承，吸收振动和防锈等。为了保证轴承能正常工作和延长使用寿命，必须正确地选择润滑剂和润滑装置。

（1）润滑油　润滑油流动性和冷却作用较好，且更换润滑油时不需拆开机器，是最常用的润滑剂。

（2）润滑脂润滑　润滑脂又称干油，俗称黄油，是由润滑油、稠化剂等制成的膏状润滑材料。润滑脂的主要性能指标是针入度和滴点。

一般是在机械装配时就将润滑脂填入轴承内，或采用黄油杯、旋转杯盖即可将装在杯体中的润滑脂定期挤入轴承内，也可用黄油枪向轴承油孔内注入润滑脂。

（3）固体润滑剂　常用的固体润滑剂有石墨和二硫化钼等，它们能耐高温和高压，附着力强，化学稳定性好，适用于高温和重载的场合。

（4）润滑方式的选择　滑动轴承的润滑方式可根据系数 K 来选择。$K = \sqrt{Pv^3}$，式中 P 为轴承压强（MPa），v 为轴颈圆周速度（m/s）。当 $K \leqslant 2$ 时用脂润滑，$K > 2$ 时用油润滑，$2 < K < 16$ 时用针阀油杯润滑，$K > 16 \sim 32$ 时采用油环、飞溅或压力润滑，$K \geqslant 32$ 时采用压力循环润滑。

⚠️ **任务实施**

1. 选择轴承类型

任务引入中要设计的滑动轴承主要承受的是径向载荷，且载荷较大，非间歇工作，轴在工作时不产生弯曲变形，故选用径向剖分式滑动轴承。

2. 确定径向滑动轴承的材料

一般是根据已知条件分别对压强 P、Pv 值和滑动速度 v 进行计算，并根据计算结果，查阅轴承材料，使被选用材料的压强 P、Pv 值和滑动速度 v 分别大于计算的结果，这样来确定轴承的材料。

（1）对压强 P 的验算

$$P_{max} = \frac{P_{max}}{dB} = \frac{47500}{100 \times 60} = 7.92\,\text{MPa}$$

（2）Pv 值的验算

$$Pv = \frac{Pn}{19100 \times B} = \frac{42000 \times 350}{19100 \times 60} = 12.83\,\text{MPa} \cdot \text{m/s}$$

（3）滑动速度 v 的验算

$$v = \frac{\pi dn}{60 \times 1000} = \frac{3.14 \times 100 \times 350}{60 \times 100} = 1.83\,\text{m/s}$$

铸造锡青铜 ZCuSn5Pb5Zn5 的许用值 $[P]$ = 8 > 7.92，$[Pv]$ = 15 > 12.83，$[v]$ = 3 > 1.83，均大于验算值，且最贴近设计要求，其最小轴颈硬度为 200HBW，也符合设计要求，故选取材料为铸造锡青铜 ZCuSn5Pb5Zn5。

3. 确定润滑材料及方式

由 $K = \sqrt{Pv^3} = \sqrt{7.92 \times 1.83^3} = 6.97 > 2$，所以选用润滑油润滑。因为工作温度区间为 5℃ ~ 80℃，根据工作温度及用途，选取牌号为 5 号的 L—AN 全损耗系统用油。又因为 2 < K < 16，所以采用油环、飞溅或压力润滑。

考试要点

1. 填空题

（1）滑动轴承的润滑剂通常有 _____、_____、_____、_____。

（2）轴瓦常用的材料有 _____、_____、_____、_____。

（3）非液体摩擦滑动轴承计算中，验算压强 P 是为了防止过度 _____，验算 Pv 是为了防止过度 _____。

2. 选择题

（1）润滑油在温升时，内摩擦力是（　　）的。

A. 增加　　　　　　　　　　　B. 始终不变

C. 减少　　　　　　　　　　　D. 随压力增加而减小

（2）在非液体摩擦滑动轴承设计中，限制 P 值的主要目的是（　　）。

A. 防止轴承因过度发热而胶合　　B. 防止轴承过度磨损

C. 防止轴承因发热而产生塑性变形　D. 防止轴承因发热而卡死

（3）在非液体摩擦滑动轴承设计中，限制 Pv 值的主要目的是（　　）。

A. 防止轴承因过度发热而胶合　　B. 防止轴承过度磨损

C. 防止轴承因发热而产生塑性变形　D. 防止轴承因发热而卡死

3. 简答题

（1）滑动轴承有哪几种类型？各自有什么特点？

（2）常用向心滑动轴承的结构形式及应用特点是什么？

（3）如何选择滑动轴承的润滑方式？

任务2　识别和选择滚动轴承

知识目标：

1. 滚动轴承的类型、代号、特点及选择原则。

2. 滚动轴承的失效形式。

技能目标：

1. 了解滚动轴承的基本结构和基本类型。

2. 掌握滚动轴承代号的表示方法。

3. 了解滚动轴承的选用原则。

4. 了解滚动轴承的安装与润滑。

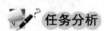 **任务描述**

在滚动轴承的外圈端面的外沿上，一般压有这样的标记：6208、71210B、LN312/P5，它们分别代表什么含义？

任务分析

滚动轴承是标准件，一般由轴承厂家大批量生产，在机械设备中广泛应用。所以，国家标准（GB/T 272—1993）对滚动轴承的类型、尺寸、精度和结构特点等都作了规定，用轴承代号来表示，压在滚动轴承的外圈端面的外沿上。通过了解滚动轴承的类型、特点、代号含义等，要求能够正确识读轴承代号的含义，正确选用合适的轴承类型。

相关知识

1. 滚动轴承的结构与工作特点

（1）滚动轴承的结构　滚动轴承用滚动代替了滑动，减小了摩擦因数，从而也具有广泛的应用范围。滚动轴承的结构如图4-31所示，由内圈1、外圈2、滚动体3和保持架4组成，内、外圈分别与轴颈、轴承座孔装配在一起。多数情况下，外圈不转动，内圈与轴一起转动。当内外圈之间相对旋转时，滚动体沿着滚道滚动。保持架使滚动体均匀分布在滚道上，并减少滚动体之间的碰撞和磨损。

（2）滚动轴承的工作特点　滚动轴承与滑动轴承相比，其优点是摩擦力矩小，对温度变化不敏感，具有互换性。缺点是：径向尺寸大，安装复杂，承受冲击能力差，有噪声。

（3）滚动轴承的基本类型　为满足机械各种不同的工况条件要求，滚动轴承有多种不同的类型。滚动轴承的基本类型及特性见表4-7。

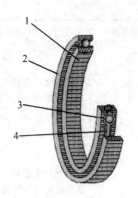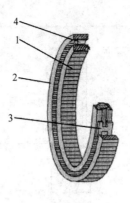

图 4 - 31　滚动轴承的结构
1—内圈　2—外圈　3—滚动体　4—保持架

表 4 - 7　滚动轴承的基本类型及特性

类型及代号	结构简图	承载方向	主要性能及应用
调心球轴承 （1）			其外圈的内表面是球面，内、外圈轴线间允许角偏移为 2°～3°，极限转速低于深沟球轴承。可承受径向载荷及较小的双向轴向载荷。用于轴变形较大及不能精确对中的支承处
调心滚子轴承 （2）			轴承外圈滚道是球面，主要承受径向载荷及一定的双向轴向载荷，但不能承受纯轴向载荷，允许角偏移 0.5°～2°。常用在长轴或受载荷作用后轴有较大变形及多支点的轴上
圆锥滚子轴承 （3）			可同时承受较大的径向及轴向载荷，承载能力大于"7"类轴承。外圈可分离，装拆方便，成对使用
推力球轴承 （5）			只能承受轴向载荷，而且载荷作用线必须与轴线相重合，不允许有角偏差，极限转速低
双向推力轴承 （5）			能承受双向轴向载荷。其余与推力轴承相同

（续）

类型及代号	结构简图	承载方向	主要性能及应用
深沟球轴承 （6）			可承受径向载荷及一定的双向轴向载荷。内外圈轴线间允许角偏移为 8′~16′
角接触球轴承 （7）	7000C型（α=15°） 7000AC型（α=25°） 7000B型（α=40°）		可同时承受径向及轴向载荷。承受轴向载荷的能力由接触角 α 的大小决定，α 大，承受轴向载荷的能力高。由于存在接触角 α，承受纯径向载荷时，会产生内部轴向力，使内、外圈有分离的趋势，因此这类轴承要成对使用。极限转速较高
推力滚子轴承 （8）			能承受较大的单向轴向载荷，极限转速低
圆柱滚子轴承 （N）			能承受较大的径向载荷，不能承受轴向载荷，极限转速也较高，但允许的角偏移很小，约 2′~4′。设计时，要求轴的刚度大，对中性好
滚针轴承 （NA）			不能承受轴向载荷，不允许有角度偏斜，极限转速较低。结构紧凑，在内径相同的条件下，与其他轴承比较，其外径最小。适用于径向尺寸受限制的部件中

2. 滚动轴承的代号

滚动轴承类型很多，为了表征各类图形的特点，便于生产管理和选用，规定了轴承代号及其表示方法。国家标准 GB/T 272—1993 规定，轴承代号由前置代号、基本代号和后置代号组成，用字母和数字表示，排列顺序如下：

| 前置代号 | 基本代号 | 后置代号 |

（1）前置代号　前置代号为轴承分部件代号，当轴承的分部件具有某些特点时，就在基本代号的前面加上用字母表示的前置代号。如 L 表示可分离轴承的分离内圈或外圈，K 表示滚子和保持架组件。

（2）后置代号　后置代号为补充代号，轴承在结构形状、尺寸公差、技术要求等有改变时，才在基本代号后面予以添加，一般用字母（或字母加数字）表示，包括轴承的内部结构、尺寸、公差等。

内部结构代号。同类轴承，内部结构不同，例：7310C（AC、B）的接触角分别为 15°、25°、40°。公差等级代号共 5 个级别，见表 4-8。

表 4-8　公差等级代号

序号	新标准精度等级	标注代号	旧标准精度等级	备注
1	2　精度高	/P2	B	标注示例： 72310C/P2
2	4	/P4	C	
3	5	/P5	D	
4	6　（6X）	/P6（P6X）	E	仅用于圆锥滚子轴承
5	0　精度低	/P0	G	普通级/P0 不标

（3）基本代号　基本代号表示滚动轴承的类型、结构和尺寸，是轴承代号的核心。一般由五个数字或字母加四个数字表示，如图 4-32 所示。

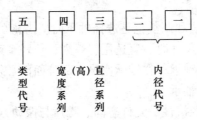

图 4-32　滚动轴承的基本代号

1）轴承类型代号。基本代号中的右起第五位表示轴承类型，其代号见表 4-9。

表 4-9　轴承类型代号

类型代号	轴承类型	类型代号	轴承类型
0	双列角接触球轴承	6	深沟球轴承
1	调心球轴承	7	角接触球轴承
2	调心滚子轴承和推力调心滚子轴承	8	推力圆柱滚子轴承
3	圆锥滚子轴承	N	圆柱滚子轴承
4	双列深沟球轴承	U	外球面球轴承
5	推力球轴承	QJ	四点接触球轴承

2）尺寸系列代号。为了适应不同承载能力的需要，同一内径尺寸的轴承，可使用不同大小的滚动体，因而使轴承的外径和宽度也随着改变。

基本代号中的右起第三、四位表示尺寸系列，包括直径系列代号和宽度（向心轴承）或高度（推力轴承）系列代号。其中直径系列（右起第三位），结构内径相同、外径宽度变化，代号有 7、8、9、0、1、2、3、4、5，对应相同内径轴承的外径尺寸依次递增，其中：7、8、9 为超轻系列，0、1 为特轻系列，2 为轻系列，3 为中系列，4 为重系列，5 为特重系列；宽度系列（右起第四位），结构内径外径相同、宽度变化，代号为数字 0~9，正常宽度 0 不标。

3）内径代号。基本代号中的右起第一、二位数字表示内径尺寸，表示方法见表 4-10。

表 4 - 10　滚动轴承内径尺寸代号

内径代号	00	01	02	03	04 ~ 99
内径尺寸	10	12	15	17	代号 ×5 =（20 ~ 495mm）

3. 滚动轴承的类型选择

选择滚动轴承的类型时，应根据轴承的工作载荷（大小、方向、性质）、转速、轴的刚度以及其他特殊要求，在对各类轴承的性能和结构充分了解的基础上，参考以下建议选择：

1）载荷条件。以径向载荷为主时可选用深沟球轴承；轴向载荷比径向载荷大很多时，可采用推力轴承和向心轴承的组合结构，以便分别承受轴向载荷和径向载荷；径向载荷和轴向载荷都较大时，可选用角接触球轴承或圆锥滚子轴承。

2）转速条件。高速、要求旋转精度高，优先采用球轴承，低速可选滚子轴承。

3）调心性能。当支点跨距大、轴的弯曲变形大，以及多支点轴时，可选用调心性能好的调心轴承。

4）安装和调整性能。安装和调整也是选择轴承时应考虑的因素。例如，由于安装尺寸的限制，必须要减小轴承径向尺寸时，宜选用轻系列、特轻系列轴承或滚针轴承；当轴向尺寸受到限制时，宜选用窄系列轴承；在轴承座没有剖分面而必须沿轴向安装和拆卸轴承部件时，应优先选用内外圈可分离轴承。

5）选择轴承时还应考虑经济性、允许空间、噪声与振动方面的要求。

4. 滚动轴承的安装、润滑与密封

（1）滚动轴承的安装　轴承与轴或轴承座配合的目的是把内、外圈牢固地固定于轴或轴承座上，使之相互不发生有害的滑动。如配合面产生滑动，则会产生不正常的发热和磨损，磨损产生的粉末会进入轴承内而引起早期损坏和振动等，导致轴承不能充分发挥其功能。

（2）滚动轴承的润滑　主要是为了降低摩擦阻力和减轻磨损，同时也有吸振、冷却、防锈和密封等作用。滚动轴承的润滑剂可以是润滑脂、润滑油或固体润滑剂。一般滚动轴承可采用润滑脂润滑。高速或工作温度较高的轴承可采用润滑油润滑。

（3）滚动轴承的密封　密封的目的是阻止润滑剂流失，防止灰尘、水分等的侵入而加速轴承的磨损与锈蚀。

任务实施

1. 识读轴承代号 6208

第一位数字 6 为类型代号，查表 4 - 9 可知为深沟球轴承，尺寸系列为 02（其中宽度系列为 0，已省略，直径系列为 2，即轻型），08 为内径代号，根据表 4 - 10 可知内径尺寸为 $5 \times 08 = 40mm$，因为后置代号中精度 P0 级省略不标注，故该滚动轴承的精度为 P0 级。

2. 识读轴承代号 71210B

7 表示为角接触球轴承，尺寸系列 12（宽度系列 1，直径系列 2），内径 50mm，接触角 $\alpha = 40°$，精度为 P0 级。

3. 识读轴承代号 LN312/P5

L 表示为可分离外圈，N 为单列圆柱滚子轴承，尺寸系列 03（宽度系列 0，直径系列

3），内径 60mm，精度为 P5 级。

考试要点

1. 填空题

（1）根据轴承工作的摩擦性质，轴承可分为＿＿＿＿和＿＿＿＿两大类。

（2）滚动轴承的主要失效形式为＿＿＿＿和＿＿＿＿。

（3）有一滚动轴承的代号为 6208/P5，其类型为＿＿＿＿，轴承内孔直径为＿＿＿＿mm，尺寸系列为＿＿＿＿，精度等级为＿＿＿＿。

2. 选择题

（1）角接触球轴承和圆锥滚子轴承的轴向承载能力随接触角的增大而（　　）。

A. 增大　　　　　　　B. 减小　　　　　　　C. 不变　　　　　　　D. 不确定

（2）对滚动轴承进行密封，不能起到（　　）作用。

A. 防止外界灰尘侵入　　　　　　　B. 降低运转噪声

C. 阻止润滑剂外漏　　　　　　　D. 阻止箱体内的润滑油流入轴承

（3）采用滚动轴承轴向预紧措施的主要目的是（　　）。

A. 提高轴承的旋转精度　　　　　　　B. 提高轴承的承载能力

C. 降低轴承的运转噪声　　　　　　　D. 提高轴承的使用寿命

3. 简答题

（1）解释下列轴承的代号：

1）轴承 6208—2Z/P6；　　　　　　　2）LN308/P6X。

（2）滚动轴承的工作特点有哪些？滚动轴承的类型有哪些？

（3）滚动轴承的精度等级共分为几级？如何表示？

（4）滚动轴承由哪些基本元件组成？它们的配合采用基孔制还是基轴制？

单元 11　联轴器与离合器

11

任务 1　联轴器的合理选型

> **知识目标：**
>
> 　联轴器的常见类型及结构特点。
>
> **技能目标：**
>
> 　了解联轴器的应用特点。

任务描述

某离心式水泵与电动机用联轴器连接，已知电动机功率 $P = 30\text{kW}$，转速 $n = 1470\text{r/min}$，电动机伸出轴端的直径 $d_1 = 42\text{mm}$，水泵轴直径 $d_2 = 40\text{mm}$，试选择联轴器的类型和型号。

任务分析

联轴器是轴与轴之间连接的常用部件，进行联轴器的选用，首先要了解联轴器的常见类型及结构特点，然后根据具体的工作要求选用适当的类型和型号。

相关知识

联轴器的功用是连接同一轴线的两根轴（或两个部件，两个设备），使两轴一起转动并传递转矩。联轴器只能保持两轴的接合，在运转时，两轴不能分离，必须一起转动或停止，只能在停车时连接或分离两轴。联轴器由若干个通用零件组成，且多数已经标准化、系列化。

1. 联轴器的作用与分类

联轴器所连接的两轴由于制造及安装的误差、机器运转时零件受载变形、基础下沉、回转零件的不平衡、温度的变化和轴承的磨损等，往往存在着某种程度的相对位移和偏移，不能严格保持对中。轴线的各种可能偏移如图 4-33 所示，因此在设计联轴器时要从结构上采取各种不同的措施，使联轴器具有补偿上述偏移量的性能，否则就会在轴、联轴器和轴承中引起附加载荷，导致工作情况的恶化。

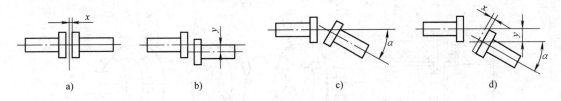

图 4-33　轴线的相对位移

a）轴向位移 x　b）径向位移 y　c）偏角位移 α　d）综合位移 x、y、α

按照能否补偿轴线的相对位移，联轴器可分为刚性联轴器和挠性联轴器。

2. 联轴器的结构、特点及应用

（1）刚性联轴器　凸缘联轴器由两个带有凸缘的半联轴器用螺栓联接而成，半联轴器与轴用键联接。凸缘联轴器有两种对中方式，一种是采用铰制孔用螺栓对中（图 4-34a），另一种是采用两个半联轴器的凸肩与凹槽对中（图 4-34b）。由于所有零件都是刚性的且不允许有相对运动，故无法补偿轴线间的相对位移，属于刚性联轴器。这种联轴器结构简单、维护方便，能传递较大的转矩，但两轴的对中性要求很高，全部零件都是刚性的，不能缓冲和减振，适用于载荷平稳、短而刚性好的轴的连接。为了运行安全，凸缘联轴器可做成带防护边的形式（图 4-34c）。

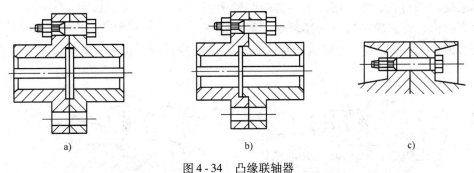

图 4-34　凸缘联轴器

凸缘联轴器的材料一般采用灰铸铁或碳钢，重载时或圆周速度大于 30m/s 时应用铸钢或锻钢。

（2）挠性联轴器

1）无弹性元件的挠性联轴器。这类联轴器因具有挠性，故可补偿两轴的相对位移。但因无弹性元件，故不能缓冲减振。常用的有以下几种：

① 十字滑块联轴器。如图 4-35 所示，利用十字滑块 2 与两个半联轴器 1、3 的端面径向槽配合以实现两轴的连接。滑块沿径向滑动可补偿两轴的径向偏移，还能补偿角偏移。滑块联轴器结构简单、径向尺寸小，但耐冲击性差，易磨损，工作时会产生较大的离心力，常用于径向偏移较大、冲击小、转速低、传递转矩较大的两轴连接。

② 滑块联轴器。滑块联轴器与十字滑块联轴器相似，只是两个半联轴器上的沟槽很宽，并把原来的中间盘改为两面不带凸牙的方形滑块，且通常用夹布胶木制成，如图 4-36 所示。由于中间滑块的质量减小，又具有弹性，故允许较高的极限转速。中间滑块也可用尼龙制成，并在配制时加入少量的石墨或二硫化钼，以便在使用时可以自行润滑。这种联轴器结

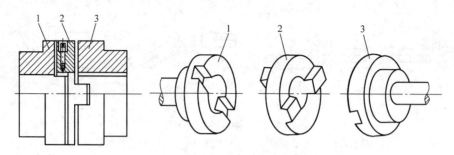

图 4-35　十字滑块联轴器
1、3—半联轴器　2—十字滑块

构简单，尺寸紧凑，适用于小功率、高转速而无剧烈冲击处。

③ 齿式联轴器。齿式联轴器是无弹性元件联轴器中应用较广泛的一种，它是利用内外齿啮合来实现两个半联轴器的联接，如图 4-37 所示。齿式联轴器由两个具有外齿的半联轴器 1、4 和两个具有内齿的外壳 2、3 组成，外壳 2、3 通过螺栓 5 联接，外壳与半联轴器通过内、外齿相互啮合实现两轴的连接，并通过内、外齿轮的啮合传递转矩。可补偿偏心，能传递较大转矩，允许有较大的综合偏移，但结构复杂、笨重，成本较高，适合重型机械。

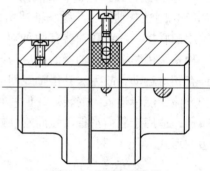

图 4-36　滑块联轴器

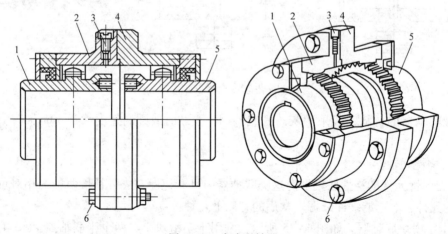

图 4-37　齿式联轴器

④ 万向联轴器。如图 4-38a 所示，万向联轴器主要用于轴线相交的两轴连接，由两个分别固定在主、从动轴上的叉形接头 1、2 和一个十字柱销 3（称十字头）组成。叉形接头和十字柱销是铰接的，因此被连接两轴间的夹角可以很大，轴间角可达 35°～45°。

万向联轴器结构比较紧凑，传动效率高，维护方便，允许在较大角位移时传递转矩，为使两轴同步转动，万向联轴器一般应成对使用，如图 4-38b 所示。

2）有弹性元件的挠性联轴器。这类联轴器因装有弹性元件，不仅可以补偿两轴间的相

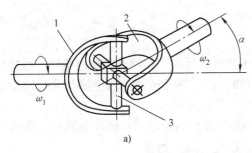
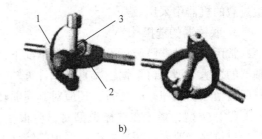

a)   b)

图 4-38   万向联轴器

1、2—叉形接头   3—十字柱销

对位移，而且具有缓冲减振的能力。弹性元件所能储蓄的能量越多，则联轴器的缓冲能力越强。弹性元件的弹性滞后性能与弹性变形时零件间的摩擦功越大，则联轴器的减振能力越好。这类联轴器目前应用很广，品种也越来越多。

①弹性套柱销联轴器。如图 4-39 所示，弹性套柱销联轴器在结构上与凸缘联轴器相似，只是用套有橡胶弹性套的柱销代替连接螺栓。弹性套柱销联轴器可允许较大的轴向窜动，但径向位移和偏角位移的补偿量不大。

弹性套柱销联轴器制造容易，装拆方便，成本较低，但弹性套易磨损，寿命较短。它适用于连接载荷平稳、需正反转或起动频繁且传递中、小转矩的轴。

②弹性柱销联轴器。如图 4-40 所示，弹性柱销联轴器与弹性套柱销联轴器相似，不同之处是用弹性（通常用尼龙制成）柱销把两个半联轴器连接起来，工作时通过柱销传递转矩。为了防止柱销滑出，在柱销两端配置了挡圈。

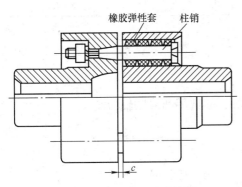

图 4-39   弹性套柱销联轴器

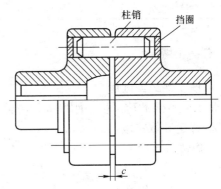

图 4-40   弹性柱销联轴器

弹性柱销联轴器结构简单，安装方便，耐久性好，可以吸振和补偿轴向位移，其使用场合与弹性套柱销联轴器相同，常用于起动及换向频繁、转矩较大的中低速轴的连接。

（3）安全联轴器   如图 4-41 所示，钢制销钉用作凸缘联轴器或套筒联轴器的连接件，销钉装入经过淬火的两段钢制套筒中，只能承受限定载荷。当机器过载或受冲击时，销钉即被剪断，从而起安全保护的作用。这类联轴器工作精度不高，但由于结构简单，所以在偶尔发

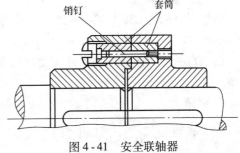

图 4-41   安全联轴器

生过载的机器中采用。

3. 联轴器的选择

常用的联轴器已经标准化，一般情况下，可先根据机器的工作特点和使用条件，选择联轴器的合适类型，再根据轴端直径、计算转矩和轴的转速，从相关技术手册或国家标准中选择所需型号和尺寸。必要时，还应对其薄弱环节进行强度校核。

（1）类型选择　在选择类型时，应根据工作载荷的大小和性质、转速的高低、两轴线的相对位移情况、对缓冲减振的要求等综合考虑，确定合适的类型。

（2）型号选择　联轴器的类型选择后，再根据转矩、轴颈和转速，从手册或标准中选取联轴器的型号和尺寸。考虑机器起动变速时的惯性力和冲击载荷等因素的影响，应按计算转矩 T_c 选择联轴器。计算转矩和工作转矩之间的关系为

$$T_c = K_A T \tag{4-6}$$

式中　T_c——计算转矩（N·m）；

　　　K_A——工作情况系数，见表4-11；

　　　T——工作转矩（N·m）。

表4-11　工作情况系数 K_A

原动机	工作机		
	转矩变化小	转矩变化冲击载荷中等	转矩变化冲击载荷大
电动机、汽轮机	1.3~1.5	1.7~1.9	2.3~3.1
多缸内燃机	1.5~1.7	1.9~2.1	2.5~3.3
单、双缸内燃机	1.8~2.4	2.2~2.8	2.8~4.0

 任务实施

1. 联轴器类型选择

离心式水泵载荷平稳，刚度大，两轴对中性好，故选用凸缘联轴器。

2. 确定计算转矩

工作转矩为

$$T = 9550 \times \frac{P}{n} = 9550 \times \frac{30}{1470} \text{N} \cdot \text{m} = 194.9 \text{N} \cdot \text{m}$$

查表4-11，取工作情况系数 $K_A = 1.3$，由式（4-6）得计算转矩

$$T_c = K_A T = 1.3 \times 194.9 \text{N} \cdot \text{m} = 253.4 \text{N} \cdot \text{m}$$

3. 选择联轴器型号

根据国家标准 GB/T 5843—2003《凸缘联轴器》，选 GY5 型凸缘联轴器，其公称转矩为 400N·m > T_c，许用转速为 8000r/min > n，满足要求。

两轴直径均与标准相符，故主动端选 Y 型轴孔，A 型键槽；从动端选 J_1 型轴孔，A 型键槽。

4. 标记

GY5 联轴器 $\dfrac{42 \times 112}{J_1 40 \times 84}$ GB/T 5843

考试要点

1. 填空题

（1）刚性凸缘联轴器的对中方法有_____、_____两种。

（2）联轴器为标准件，当选定类型后，可根据_____、_____和_____从标准中选择所需要的型号和尺寸。

（3）按照能否补偿轴线的相对位移，联轴器可分为_____联轴器和_____联轴器，前者如_____联轴器、_____联轴器和_____联轴器等，后者如_____联轴器、_____联轴器、_____联轴器和_____联轴器等。

2. 选择题

（1）对低速、刚性大的短轴，常选用的联轴器为（　　　）。

A. 刚性固定式联轴器　　　　　　　　B. 刚性可移式联轴器

C. 弹性联轴器　　　　　　　　　　　D. 安全联轴器

（2）选择或计算联轴器时，应该依据计算转矩 T_c，即 T_c 大于所传递的公作转矩 T，这是因为考虑到（　　　）。

A. 旋转时产生的离心载荷　　　　　　B. 机器不稳定运转时的动载荷和过载

C. 制造联轴器的材料，其机械性能有偏差　　D. 两轴对中性不好时，产生的附加载荷

（3）在下列联轴器中，能补偿两轴的相对位移以及可缓冲吸振的是（　　　）。

A. 凸缘联轴器　　　　　　　　　　　B. 齿式联轴器

C. 万向联轴器　　　　　　　　　　　D. 弹性柱销联轴器

（4）金属弹性元件挠性联轴器中的弹性元件都具有（　　　）的功能。

A. 对中　　　　　B. 减摩　　　　　C. 缓冲和减振　　　　　D. 缓冲

3. 简答题

两轴线偏移的形式有哪些？

任务 2　选择离合器

> **知识目标：**
>
> 　　离合器的常见类型及结构特点。
>
> **技能目标：**
>
> 　　了解离合器的应用特点。

任务描述

　　某中型卧式车床主轴箱的 1 轴上采用片式摩擦离合器起动和正、反向转动。已知电动机额定功率为 10kW，1 轴的转速为 1080r/min，电动机至 1 轴的效率 η 为 0.97。请问应选用何种规格的离合器？

进行离合器的选用，首先要了解离合器的常见类型及结构特点，然后根据具体的工作要求选用适当的类型和型号。

离合器是一种在机器运转过程中，可使两轴随时接合或分离的装置。它的主要功能是用来操纵机器传动系统的断续，以便进行变速及换向等。

1. 离合器的功能

离合器用来连接不同机构或部件上的两根轴，传递运动和动力，且在工作过程中可使两轴随时分离或连接。由于离合器是在不停机的状况下进行两轴的结合与分离，因而对离合器的基本要求为工作可靠，离合迅速而平稳；操纵灵活，调节和修理方便；结构简单，重量轻，尺寸小；有良好的散热能力和耐磨性。

2. 离合器的分类、结构特点与应用

离合器主要分为牙嵌离合器、摩擦离合器和自动离合器。

（1）牙嵌离合器　牙嵌离合器的结构如图 4 - 42 所示，由两个端面带齿的半离合器组成。半离合器用平键与主动轴联接；半离合器用导向键与从动轴联接，可沿轴线滑动。主动半离合器上安装有对中环，以保证两个半离合器对中。工作时利用操纵杆（图中未画出）移动滑块，使半离合器作轴向移动，实现离合器的接合或分离。

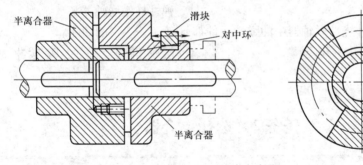

图 4 - 42　牙嵌离合器

牙嵌离合器常用的牙型有三角形、矩形、梯形、锯齿形等，如图 4 - 43 所示。三角形牙便于接合与分离，但强度较弱，只适用于传递小转矩的低速离合器；矩形牙不便于接合，分离也困难，仅用于静止时手动接合；梯形牙的侧面制成 2° ~ 8° 的斜角，梯形牙强度较高，能传递较大转矩，且又能自行补偿牙磨损后出现的牙侧间隙，从而避免由于间隙产生的冲击，故

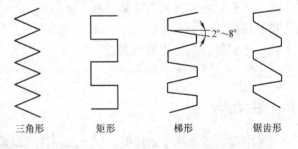

三角形　　　矩形　　　梯形　　　锯齿形

图 4 - 43　牙嵌离合器常用的牙形

应用较广；锯齿形牙比梯形牙的强度还高，传递的转矩也更大，但只能单向工作，且反转时齿面间会产生很大轴向分力，迫使离合器自动分离，因此仅在特定的工作条件下采用。三角

形、矩形、梯形牙都可以作双向工作，而锯齿形牙只能单向工作。梯形牙和锯齿形牙的牙数一般为 3 ~ 15，三角形牙的牙数一般为 15 ~ 60。要求传递转矩大时，应选用较少的牙数；要求接合时间短时，应选用较多的牙数；牙数越多，载荷分布越不均匀。牙嵌离合器结构简单，外廓尺寸小，两轴接合时不会发生相对移动，但有刚性冲击，适于低速或停机时接合，否则凸牙容易损坏。

（2）摩擦离合器　摩擦离合器是靠工作面上的摩擦力矩来传递力矩的，在接合过程中由于接合面的压力是逐渐增加的，故能在主、从动轴有较大的转速差的情况下平稳地进行接合。过载时，摩擦面间将发生打滑，从而避免其他零件的损坏。

1）单片式摩擦离合器。单片式摩擦离合器如图 4 - 44 所示，主动盘 1 固定在主动轴上，从动盘 2 通过导向键与从动轴联接，它可以沿轴向滑动。为了增加摩擦因数，在一个盘的表面上装有摩擦片 3，摩擦片常用淬火钢片或压制石棉片材料制成。工作时利用操纵机构 4 在可移动的从动盘上施加轴向压力（可由弹簧、液压缸或电磁吸力等产生），使两盘压紧，圆盘间便产生圆周方向的摩擦力，从而实现转矩的传递。单片式摩擦离合器结构简单，散热性好，但传递的转矩小，多用于轻型机械。

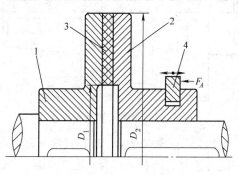

图 4 - 44　单片式摩擦离合器

2）多片式摩擦离合器。在传递大转矩的情况下，因受摩擦盘尺寸的限制不宜应用单片式摩擦离合器，这时要采用多片摩擦离合器，用增加结合面对数的方法来增大传动能力。

图 4 - 45 所示为多片式摩擦离合器。主动轴 1 与外壳 3 相联接，从动轴 2 与套筒 9 相联接。外壳 3 又通过花键与一组外摩擦片 5 联接在一起；套筒 9 也通过花键与另一组内摩擦片 6 联接在一起。工作时，向左移动滑环 8，通过杠杆 7、压板 4 使两组摩擦片 5、6 压紧，离合器处于接合状态。若向右移动滑环 8，摩擦片 5、6 被松开，离合器实现分离。这种离合器常用于车床主轴箱内。

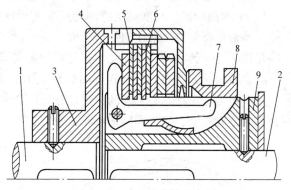

图 4 - 45　多片式摩擦离合器

（3）自动离合器　自动离合器是一种能根据机器运转参数（如转矩、转速或转向）的变化而自动完成接合和分离动作的离合器。常用的自动离合器有安全离合器、离心式离合器和定向离合器三类。

1）安全离合器。安全离合器在所传递的转矩超过一定数值时自动分离。它有许多种类型，如图 4 - 46 所示为摩擦式安全离合器。它的基本构造与一般摩擦离合器基本相同，只是没有操纵机构，而利用调整螺钉 1 来调整弹簧 2 对内、外摩擦片组 3、4 的压紧力，从而控制离合器所能传递的极限转矩。当载荷超过极限转矩时，内、外摩擦片接触面间会出现打滑，以此来限制离合器所传递的最大转矩。

图 4-47 所示为牙嵌式安全离合器。它的基本构造与牙嵌离合器相同，只是牙面的倾角 α 较大，工作时啮合牙面间能产生较大的轴向力。这种离合器也没有操纵机构，而是用一弹簧压紧机构使两半离合器接合，当转矩超过一定值时，将超过弹簧压紧力和有关的摩擦阻力，半离合器 1 就会向左滑移，使离合器分离；当转矩减小时，离合器又自动接合。

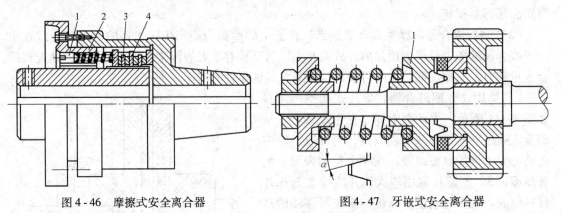

图 4-46　摩擦式安全离合器　　　　　图 4-47　牙嵌式安全离合器

2）离心式离合器。离心式离合器有自动接合式和自动分离式两种。前者当主动轴达到一定转速时，能自动接合；后者相反，当主动轴达到一定转速时能自动分离。

如图 4-48 所示为一种自动接合式离合器。它主要由与主动轴 4 相联的轴套 3，与从动轴（图中未画出）相联的外鼓轮 1、瓦块 2、弹簧 5 和螺母 6 组成。瓦块一端铰接在轴套上，一端通过弹簧力拉向轮心，安装时使瓦块与外鼓轮保持一适当间隙。这种离合器常用作起动装置，当机器起动后，主动轴的转速逐渐增加，当达到某一值时，瓦块将因离心力带动外鼓轮和从动轴一起旋转。拉紧瓦块的力可以通过螺母来调节。

3）定向离合器。目前广泛应用的是滚柱超越离合器，如图 4-49 所示，由星轮、外圈、滚柱和弹簧顶杆组成。滚柱的数目一般为 3～8 个，星轮和外圈都可作主动件。当星轮为主动件并作顺时针转动时，滚柱受摩擦力作用被楔紧在星轮与外圈之间，从而带动外圈一起回转，离合器为接合状态。当星轮逆时针转动时，滚柱被推到楔形空间的宽敞部分而不再楔紧，离合器为分离状态。若外圈和星轮作顺时针同向回转，则当外圈转速大于星轮转速时，离合器为分离状态；当外圈转速小于星轮转速时，离合器为接合状态。

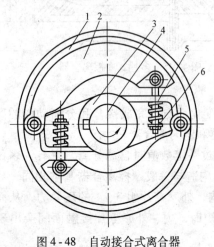

图 4-48　自动接合式离合器

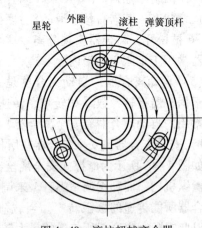

图 4-49　滚柱超越离合器

3. 离合器的选择

大多数离合器已标准化或规格化，设计时，只需参考有关手册对其进行类比设计或选择即可。

选择离合器时，首先根据机器的工作特点和使用条件，结合各种离合器的性能特点，确定离合器的类型。类型确定后，可根据被联接的两轴的直径、计算转矩和转速，从有关手册中查出适当的型号，必要时，可对其薄弱环节进行承载能力校核。

 任务实施

1. 离合器类型选择

根据中型卧式车床的具体工作情况，可选用径向杠杆式多片式摩擦离合器。

2. 确定计算转矩

工作转矩为

$$T = 9550 \times \frac{P}{n} \times \eta = 9550 \times \frac{10}{1080} \times 0.97 \mathrm{N \cdot m} = 85.773 \mathrm{N \cdot m}$$

查表 4 - 11，取工作情况系数 $K_A = 1.5$，由式（4 - 6）得计算转矩

$$T_c = K_A T = 1.5 \times 85.773 \mathrm{N \cdot m} = 128.660 \mathrm{N \cdot m}$$

3. 选择离合器型号

根据计算转矩、轴径和转速，可从设计手册中选出离合器具体型号，其特性参数为：额定转矩为 $160 \mathrm{N \cdot m}$；轴颈为 $d_{max} = 45 \mathrm{mm}$；摩擦面对数为 $z = 10$；摩擦面直径（外径）为 $98 \mathrm{mm}$；摩擦面直径（内径）为 $72 \mathrm{mm}$；接合力为 $250 \mathrm{N}$；压紧力为 $3250 \mathrm{N}$。

考试要点

1. 填空题

（1）离合器用来连接不同_____上的两根轴，传递_____，且在工作过程中可使两轴随时_____。

（2）牙嵌离合器常用的牙型有_____、_____、_____、_____等。

（3）自动离合器是一种能根据机器运转参数（如_____、_____或_____）的变化而自动完成接合和分离动作的离合器。常用的自动离合器有_____、_____和_____三类。

2. 选择题

（1）（   ）能在不停机的情况下，使两轴结合或分离。

A. 离合器   B. 联轴器

C. 减速器   D. 弹性柱销联轴器

（2）联轴器与离合器的主要作用是（   ）。

A. 缓冲、减振   B. 传递运动和转矩

C. 防止机器发生过载   D. 补偿两轴的不同心或热膨胀

（3）使用（   ）时，只能在低速或停机后离合，否则会产生强烈冲击，甚至损坏离合器。

A. 摩擦离合器   B. 牙嵌离合器

C. 安全离合器　　　　　　　　　　　　D. 超越（定向）离合器

3. 简答题

（1）牙嵌离合器和摩擦离合器各有何优缺点？各适用于什么场合？

（2）离合器应满足哪些基本要求？

第 5 篇

液 压 传 动

12

单元 12 了解液压传动的基础知识

知识目标：
1. 熟悉液压传动的原理及液压传动系统的组成。
2. 熟悉压力和流量的基本概念。
3. 了解液压传动的特点和应用。

技能目标：
1. 能识读液压传动系统的各个组成部分。
2. 理解帕斯卡原理和液流连续性原理及其应用。

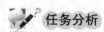 **任务描述**

修理汽车时经常用到的液压千斤顶（图 5-1），分析它由哪几部分组成？它为什么能举起重物？绘制其工作简图及其液压传动原理图。

任务分析

通过实物操作，带领同学分析液压千斤顶的工作过程，找出液压传动系统的组成部分。通过对其工作原理及相关理论知识的讲解，熟悉液压传动的原理及组成。

图 5-1　液压千斤顶

 相关知识

1. 液压传动系统的组成

一个正常工作的液压传动系统，一般由下面五部分组成：

1）动力元件：液压泵，将原动机输入的机械能转换为液体的压力能，为整个液压系统提供具有一定压力的压力油，是系统的动力源。

2）执行元件：液压缸或液压马达，将液体的压力能转换为机械能的装置。在压力油的推动下，驱动负载作直线运动或回转运动，使工作部件具有一定的速度和转速，完成预定的工作。

3）控制元件：各类液压控制阀，这些阀控制系统中油液压力、液流方向和油液流量，以保证执行元件按预定的要求工作。

4）辅助元件：包括油管、油箱、过滤器及各种指示器、仪表等，它们起连接、储油、过滤和测量油液压力等辅助作用。

5）工作介质：指系统中的传动液体，通常用油，称为液压油。液压系统是通过介质实现运动和动力传递的。

2. 压力的形成及其传递

（1）压力 液体单位面积上所受的作用力，工程中称为压力。用下面的公式来计算

$$p = \frac{F}{A}$$

式中 p——压力（Pa，MPa，$1\mathrm{MPa} = 1 \times 10^6 \mathrm{Pa}$）；

F——作用在油液表面上的外力（N）；

A——液体作用的面积（mm^2）。

（2）压力的形成 如图 5-2 所示，输入液压缸左腔的油液由于受到外界负载 F 的阻挡，不能立即推动活塞向左运动，而液压缸又在连续不断地供油，使液压缸左腔中的油液受到挤压，油液的压力从零开始由小到大，活塞的有效作用面积 A 上承受的油液作用力迅速增大。当油液作用力大到足以克服外界负载 F 时，液压泵输出的油液迫使液压缸左腔密封容积增大，从而推动活塞向右运动。在一般情况下，活塞作匀速运动，作用在活塞上的力相互平衡，即液压力等于负载阻力。因此，油液的压力 $p = F/A$。

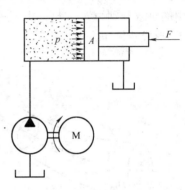

图 5-2 液压传动系统中压力的形成

液压系统中油液的压力取决于负载的大小，且随负载的大小变化而变化。当有几个负载并联时，压力的大小取决于负载中的最小者。液压系统中的压力建立过程是从无到有，从小到大迅速进行的。液体自重也会产生压力，但数值较小，通常情况下可忽略不计。

3. 流量与平均流速

（1）流量 液体在管道中流动时，垂直于液体流动方向的截面称为通流截面。单位时间内流过某通流截面的液体体积称为流量，用符号 q_v 表示。在 SI 中，流量的单位是 m^3/s，工程中常用 $\mathrm{L/min}$。

（2）平均流速 假设液流在通流截面上各点的流速均匀分布，且液体以流速 v 流过通流截面 A 的流量等于液体流过该截面的流量，即

$$q_{\mathrm{v}} = Av$$

式中 A——通流截面的面积（mm^2）。

由上式可知通流截面 A 上的流速为

$$v = \frac{q_{\mathrm{v}}}{A}$$

在液压缸中，液体的流动速度与活塞运动速度相同。当液压缸的有效工作面积 A 一定时，活塞运动速度 v 取决于输入液压缸的流量 q_{v}。在 SI 中，流速的单位为 $\mathrm{m/s}$。

4. 液流连续性原理

液体在无分支管路中流动时，通过每一截面的流量都相等。这称为液流连续性原理。如图 5-3 所示，同一管道的两个不同截面流过油液的流量是相等的，$q_{v1} = q_{v2}$。即

$$A_1 v_1 = A_2 v_2$$

式中　A_1、A_2——截面 1、2 的面积（m^2）；

　　　v_1、v_2——液体流经截面 1、2 时的平均流速（m/s）。

当流量一定时，管路细的地方平均流速大；管路粗的地方平均流速小。

 任务实施

1. 帕斯卡原理

在密闭容器内，施加于静止液体的压力可以等值地传递到液体各点，这就是帕斯卡原理。图 5-4 是帕斯卡原理应用实例简图。图中左右两个活塞的面积分别为 A_2、A_1，活塞上作用的负载分别为 F_2、F_1，由于两腔连通，构成了一个密闭的容器。作用在小活塞上的负载 F_1 形成液体压力为

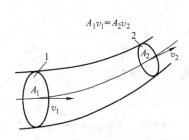

图 5-3　液流连续性原理

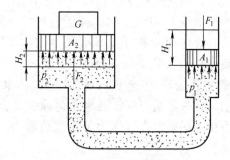

图 5-4　帕斯卡原理应用实例

$$p_1 = \frac{F_1}{A_1}$$

作用在大活塞上负载 F_2 形成的液体压力为

$$p_2 = \frac{F_2}{A_2}$$

依据帕斯卡原理，密闭容器内的液体各点的压力值相同，$p_1 = p_2$。

$$\frac{F_1}{A_1} = \frac{G}{A_2}$$

$$G = F_2 = p_2 A_2 = p_1 A_2 = \frac{F_1}{A_1} A_2 = \frac{A_2}{A_1} F_1$$

即用小的主动力 F_1，可以举起大的负载 F_2（$F_2 = G$）。液压千斤顶就是依据这个原理进行工作的。

2. 绘制液压千斤顶工作原理图

根据已有的液压千斤顶的实物，带领同学绘制液压千斤顶的工作原理图。如图 5-5 所示为液压千斤顶工作原理图。

看图 5-5 可知，液压千斤顶的左半部分：杠杆手柄、泵体、小活塞即可组成液压泵；

液压千斤顶的右半部分：缸体、大活塞即可组成液压缸；液压千斤顶中的单向阀、放油阀等为控制元件；油箱、油管等为辅助元件，加上工作介质即油箱中的油液，这五大部分即组成了液压传动系统。分析液压千斤顶的工作过程可知，液压传动的工作原理是：以油液作为工作介质，通过密封容积的变化来传递运动，通过油液内部的压力来传递动力。液压传动装置实质上是一种能量转换装置。

3. 绘制液压传动原理图

液压千斤顶的工作原理图比较直观，容易理解，但绘制起来比较麻烦，如果系统过于复杂，液压元件数量较多时，绘制起来就会更麻烦。为了简化原理图的绘制，液压系统中各种液压元件可以采用国家标准中规定的图形符号来表示（图 5-6）。这些符号只表示液压元件的功能、控制方式以及与外部的连接口，并不表示元件的具体结构、相关参数以及其实际安装位置。GB/T 786.1—2009《流体传动系统及元件图形符号和回路图第一部分：用于常规用途和数据处理的图形符号》对液压传动元（辅）件的图形符号作了具体规定。

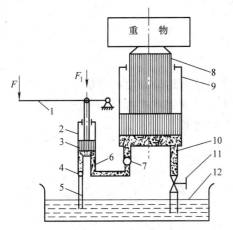
图 5-5　液压千斤顶工作原理图
1—杠杆手柄　2—泵体　3—小活塞
4、7—单向阀　5、6、10—油管　8—大活塞
9—缸体　11—放油阀　12—油箱

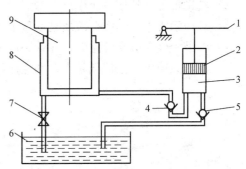
图 5-6　液压千斤顶液压传动原理图
1—杠杆　2—活塞　3—泵体
4、5—单向阀　6—油箱
7—放油阀　8—缸体　9—柱塞

 知识拓展（液压传动的特点）

液压传动与机械传动和电气传动相比，具有以下特点：

（1）优点　运行平稳，反应快，换向冲击性小，能快速起动、制动和频繁换向；在相同功率的情况下，液压系统体积小，重量轻，结构紧凑；能实现无级变速，调速方便且调速范围大；操作方便、省力，易于实现自动化；易于实现过载保护，液压元件能自行润滑，使用寿命长；由于液压元件已经实现了标准化、系列化和通用化，所以更便于安装、调试和使用。

（2）缺点　容易泄漏，传动比不准确，效率较低；对油温变化敏感，不宜在很高和很低的温度下工作；制造精度较高，成本高，且对油液的污染比较敏感；不易查找故障产生原因。

🔍 **考试要点**

1. 选择题

（1）液压系统中，液压缸属于（　　），液压泵属于（　　）。

A. 动力元件　　　　　　B. 执行元件　　　　　　C. 控制元件

（2）与机械传动、电气传动相比较，液压传动（　　）。

A. 不易实现无级调速　B. 系统故障维修困难　C. 传动不够平稳

（3）液压缸中，活塞的运动速度（　　）液压缸内油液的平均流速。

A. 大于　　　　　　　　B. 等于　　　　　　　　C. 小于

（4）液压系统中，压力的大小决定于（　　）。

A. 负载　　　　　　　　B. 流量　　　　　　　　C. 速度

（5）在密闭容器内，施加于静止液体的压力被传递到液体各点，但其值将（　　）。

A. 放大　　　　　　　　B. 缩小　　　　　　　　C. 不变

2. 判断题

（1）液压传动装置实质上是一种能量转换装置。　　　　　　　　　　　　（　　）

（2）辅助部分在液压系统中可有可无。　　　　　　　　　　　　　　　　（　　）

（3）液压系统中，作用在液压缸活塞上的力越大，活塞运动速度就越快。　（　　）

（4）油液流经无分支管路时，在管路的任一截面上油液的流速都是相等的。（　　）

（5）液压系统中，当负载越大，则液压缸的运动速度越快。　　　　　　　（　　）

单元 13　选择液压元件

13

任务 1　选择液压动力元件

知识目标：
1. 熟悉液压泵的工作原理。
2. 熟悉液压泵的分类和特点。

技能目标：
1. 熟悉各种液压泵的图形符号。
2. 了解液压泵的正确选用。

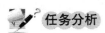 **任务描述**

图 5-7 所示为外圆磨床，磨床是一种精密加工机床，其工作台在液压系统的控制下可以左右往复运动，换向频繁。要想实现工作台的这一运动，就需要输入液压缸足够大的压力油。那么是什么元件给液压缸输入足够压力的液压油呢？这个元件又如何工作呢？

 任务分析

图 5-7　外圆磨床

液压泵有很多种类型，磨床工作台的液压传动系统中采用的是哪种液压泵来为系统提供动力呢？在液压系统中，液压泵是液压系统中的能量转换装置，液压泵把驱动电动机的机械能转换为油液的压力能，是液压系统中的动力装置，其作用就是向液压系统提供压力油。了解一些液压泵的相关知识就会找到答案。

相关知识

1. 液压泵的工作原理

如图 5-8 所示是一个简单的柱塞泵的结构示意图，由偏心轮 1、柱塞 2、泵体 3、弹簧 4、单向阀 5、6 以及油箱组成，柱塞和泵体之间形成了密封容积。偏心轮转动时，柱塞受偏心轮的驱动力和弹簧力的作用分别作左右运动。

当柱塞向右运动时，密封容积增大，形成局部真空，油箱中的油液在大气压的作用下通过单向阀5进入泵体内，单向阀6封住出油口，防止系统中的油液回流，此时液压泵完成吸油过程。当柱塞向左运动时，密封容积减小，单向阀5封住吸油口，防止油液流回油箱，于是泵体内的油液受到挤压，便经单向阀6进入系统，此时液压泵完成压油过程。若是偏心轮不停地转动，泵体便不停的吸油和压油。

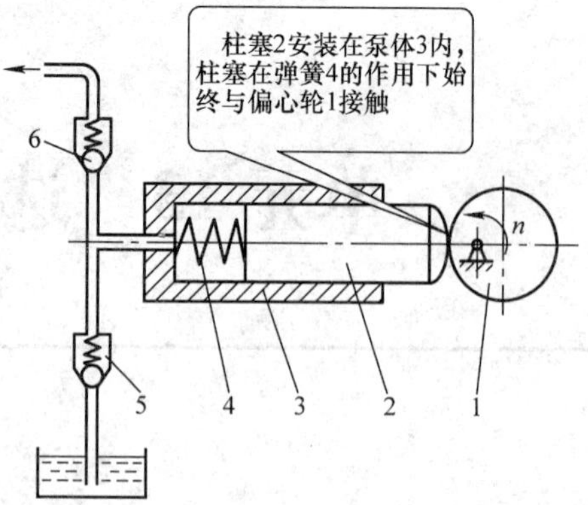
柱塞2安装在泵体3内，柱塞在弹簧4的作用下始终与偏心轮1接触
6
n
5
4
3
2
1

图5-8　柱塞泵结构示意图

从上述的工作过程可以知道，液压泵是通过密封容积的变化来进行吸油和压油的。利用这种原理做成的液压泵称为容积式泵。从上述的工作原理可以得出容积式液压泵工作的必要条件：

1）必须具有大小可变化的密封容积。单位时间内密封容积变化的大小决定液压泵的输出流量。

2）必须具有配流装置。图5-8中的单向阀5、6即为将吸油腔和压油腔隔开的配流装置。它是泵能不断地吸油、压油的必备装置。

3）吸油过程中，油箱必须与大气相通，这是吸油时打开进油路上单向阀的动力。

2. 液压泵的类型及图形符号

1）液压泵的分类见表5-1。

表5-1　液压泵的分类

	分类		作用
液压泵	齿轮泵	外啮合齿轮泵	只能作低压定量泵使用
		内啮合齿轮泵	
	叶片泵	单作用式叶片泵	既可作定量泵，也能作变量泵使用
		双作用式叶片泵	只能作定量泵使用
	柱塞泵	轴向柱塞泵	既可作定量泵，也能作变量泵使用，用于高压场合
		径向柱塞泵	
	螺杆泵	单螺杆泵	可作变量泵使用
		双螺杆泵	
		多螺杆泵	

2）液压泵的图形符号见表5-2。

表5-2　液压泵的图形符号

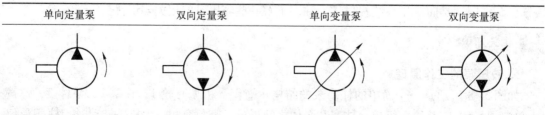

单向定量泵	双向定量泵	单向变量泵	双向变量泵
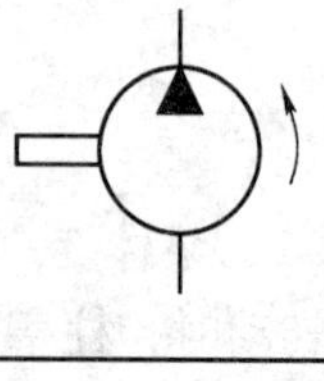	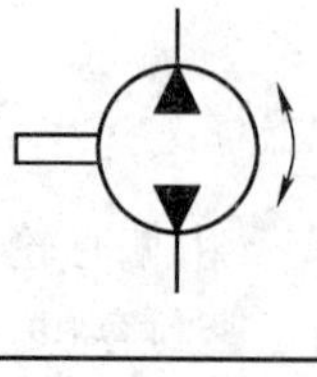	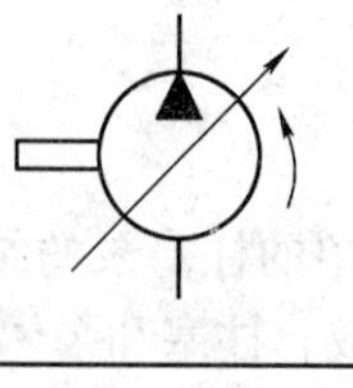	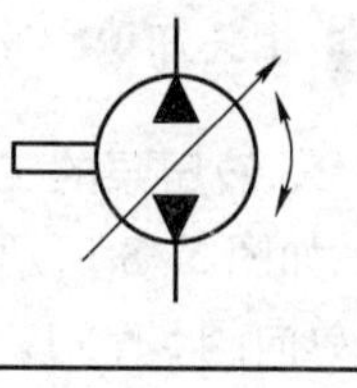

3. 常用的液压泵

在液压传动中常用的容积式液压泵，按结构不同可分为齿轮泵、叶片泵和柱塞泵。

（1）齿轮泵　如图 5-9 所示为外啮合齿轮泵工作原理图，它是由一对齿数相等的齿轮、泵体、前端盖、后端盖和传动轴等组成（前、后端盖和传动轴图中未标出），泵体内壁、两端盖和两齿轮的齿槽间形成密封容积，两齿轮的啮合线将密封容积分为互不相通的左、右两个油腔。

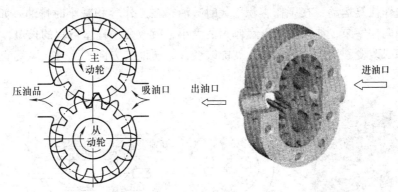

图 5-9　外啮合齿轮泵工作原理图

当两齿轮按图 5-9 所示方向转动时，右腔内轮齿依次脱离啮合，密封容积增大而形成部分真空，油箱内的油液在大气压力作用下经吸油口进入；随着齿轮的转动，吸油腔内的油液被各齿槽带到左腔，左腔内轮齿依次进入啮合，使密封容积不断减小，油液受挤压从压油口排出。两齿轮持续转动，油泵实现连续供油。

齿轮泵属单向定量泵。其特点是结构简单，成本低，抗污及自吸性好，工作可靠，维护方便；但其每一对轮齿啮合过程中的容积变化是不均匀的，故其流量和压力脉动大，并会产生振动和噪声，因此一般只用于低压、轻载系统中。

（2）叶片泵　叶片泵按照工作原理可分为单作用式和双作用式两类。单作用式叶片泵一般为变量泵，双作用式叶片泵一般为定量泵。单作用式叶片泵转子和定子之间的偏心距是可调的，调节偏心距的大小可改变泵的流量，改变偏心距的方向可改变泵的输油方向。因此，单作用叶片泵可作为单向变量泵，也可作为双向变量泵。但这种泵的封油区使转子轴单向受压力油作用，径向受力不平衡，所以工作压力不宜过高。单作用叶片泵如图 5-10 所示。

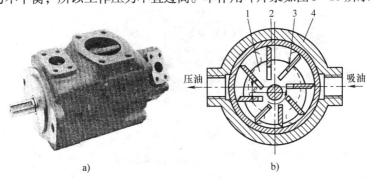

图 5-10　单作用叶片泵

a）叶片泵外形图　b）工作原理图

1—转子　2—定子　3—叶片　4—泵体

在机床、船舶、冶金设备中叶片泵有广泛的应用，它具有流量均匀、运转平稳、噪声低、体积小等优点，但对油的污染较敏感，结构较复杂，价格较高，转速不能太高。

（3）柱塞泵　柱塞泵按柱塞的排列方式不同可分为轴向柱塞泵和径向柱塞泵。由于径向柱塞泵的结构特点使其应用受到限制，已逐渐被轴向柱塞泵所取代。柱塞泵是依靠柱塞在其缸体内往复运动时密封工作容积的变化来实现吸油和压油的。柱塞泵由缸体与柱塞组成，柱塞在缸体内作往复运动，在工作容积增大时吸油，在工作容积减小时排油。如图 5 - 11 所示的斜盘式轴向柱塞泵，如果改变斜盘倾角的大小，就改变了柱塞行程的长短，也就改变了泵的排量。如果改变斜盘倾角的方向，就能改变吸、压油的方向。此时，泵就变成了双向变量轴向柱塞泵。

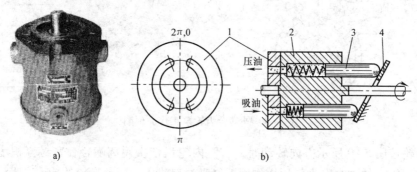

图 5 - 11　斜盘式轴向柱塞泵
a）外形图　b）工作原理图
1—配流盘　2—泵体　3—柱塞　4—斜盘

柱塞泵一般效率较高，输出压力可以较大，多用于高压液压系统。

（4）螺杆泵　螺杆泵与其他液压泵相比，具有结构紧凑，工作平稳，噪声低，输出流量均匀等优点。目前较多地应用于对压力和流量稳定要求较高的精密机械的液压系统中。但螺杆泵的齿型复杂，制造较困难。螺杆泵主要有转子式容积泵和回转式容积泵两种。按螺杆数不同，又有单螺杆泵、双螺杆泵和三螺杆泵之分。图 5 - 12 中双螺杆泵是由一对相互啮合的螺杆在泵体衬套内形成密封的容积腔，螺杆转动时，容积腔体轴向移动，容积腔中的液体被连续而平稳地输送至泵的出口，同时在其进口形成真空，不断地将液体吸入。

图 5 - 12　双螺杆泵基本结构

 任务实施

选用液压泵时，首先要考虑满足液压系统的工况要求（例如系统需要的压力大小、速度快慢等），其次是对各种液压泵的性能、成本等各个方面进行综合考虑，再确定液压泵的输出流量、工作压力、结构类型和电动机的功率。具体选择液压泵时，可参考表5-3。

表5-3   液压泵的选择

应用场合	液压泵的选择
负载小、功率小的机械设备	齿轮泵或双作用叶片泵
精度较高的机械设备	双作用叶片泵或螺杆泵
负载大且有快速和慢速工作行程的机械设备（例如组合机床）	限压式变量叶片泵
负载大、功率大的机械设备（例如压力机、龙门刨等）	柱塞泵
机械设备的辅助装置（如送料、夹紧等）	齿轮泵

通过讲解各种泵的相关结构以及适用场合，综合考虑万能磨床工作台液压传动系统所需的磨削力小，进给速度也不高，因此采用低压齿轮泵供油即可。

考试要点

1. 判断题

（1）容积式液压泵是依靠密封容积的变化来实现吸油和压油的。   （   ）

（2）单作用叶片泵可做成变量泵，双作用叶片泵只能是定量泵。   （   ）

（3）一般情况下，齿轮泵多用于高压液压系统中。   （   ）

（4）柱塞泵的自吸性能比较好。   （   ）

（5）液压泵的输出压力越大，泄漏量越大，则其容积效率也越大。   （   ）

2. 选择题

（1）三类泵中容积效率最低的是（   ）。

A. 齿轮泵   B. 叶片泵   C. 柱塞泵

（2）轴向柱塞泵一般适用于（   ）。

A. 低压   B. 中压   C. 高压

（3）定量泵随着压力的增加，其实际输出流量（   ）。

A. 不变   B. 减少   C. 增加

（4）液压系统中的动力元件是（   ）。

A. 液压缸   B. 液压泵   C. 液压马达

（5）液压泵的工作压力决定于（   ）。

A. 流量   B. 负载   C. 流速

3. 计算题

某液压泵输出的压力为 $10 \times 10^6 Pa$，转速为 1450r/min，排量为 100mL/r，泵的容积效率是 0.95，总效率是 0.9，求液压泵的输出功率和电机的驱动功率。

任务2　选择液压执行元件

知识目标：
　　1. 熟悉液压缸的功用和分类。
　　2. 了解双作用单活塞杆式液压缸的应用。
技能目标：
　　1. 识别各种液压缸的基本图形符号。
　　2. 了解液压缸的正确选用。

任务描述

　　磨床工作台液压传动系统中，工作台可以向左运动、向右运动或是停在某处，整个液压系统的动力来源是靠电动机带动的液压泵吸油和压油来产生足够的压力以推动液压缸带动工作台实现的。分析这个液压传动系统中采用的是哪种类型的液压缸。

任务分析

　　液压缸有很多类型，不同的场合需要选择相应的类型，这就需要了解液压缸的功用和相关知识。通过分析磨床工作台液压传动系统，分析液压缸的工作原理、分类和选用。

相关知识

1. 液压缸的功用

　　液压缸与液压马达一样，均属于液压系统中的执行装置。从能量转换的角度看，它们都是将液压能转变为机械能的一种能量转换装置。不同之处在于：液压马达是将液压能变为连续回转的机械能，而液压缸则是将液压能变为直线往复运动或摆动的机械能。

2. 常用的液压缸

　　液压缸按作用方式来分，有单作用式和双作用式两类。单作用式液压缸只有一个油口，在压力油的作用下，活塞杆或柱塞伸出，返回行程靠外力（主要是重力和弹簧力）实现；双作用式液压缸有两个油口，活塞的往复运动都是在压力油的作用下实现的。液压缸按结构形式主要分为活塞式、柱塞式、摆动式等。在液压系统中应用最广的是活塞式液压缸。活塞式液压缸有双活塞杆液压缸和单活塞杆液压缸两种结构形式。

　　（1）双作用式双活塞杆液压缸　双作用式双活塞杆液压缸在活塞两端都有活塞杆伸出，两端的活塞杆直径通常是相等的，因此它左、右两腔的有效作用面积也相等。双活塞杆液压缸按固定方式不同有缸体固定（图5-13）和活塞杆固定（图5-14）两种。双活塞杆液压缸的特点是：当左、右两腔相继进入压力油时，若流量及压力相等，则活塞（或缸体）往返运动的速度及两个方向的液压推力相等。双活塞杆液压缸的这一特性可以用于双向负载基本相等，且双向速度又要求一致的场合。

　　（2）双作用式单活塞杆液压缸　双作用式单活塞杆液压缸的活塞只有一端带活塞杆，

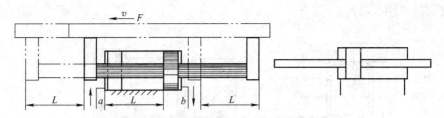

图 5 - 13 缸体固定的双作用式双活塞杆液压缸

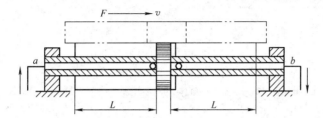

图 5 - 14 活塞杆固定的双作用式双活塞杆液压缸

而另一端无杆，活塞两端的有效作用面积不等。单活塞杆液压缸也有缸体固定和活塞杆固定两种形式，它们的工作台移动范围都是液压缸有效行程的两倍。由于单活塞杆液压缸左、右两腔的有效作用面积不等，因此它的特点是：工作台往复运动速度不相等，活塞两方向的作用力不相等。工作台慢速运动时，活塞获得的推力大；工作台作快速运动时，活塞获得的推力小。如图 5 - 15 所示为缸体固定的双作用式单活塞杆液压缸。

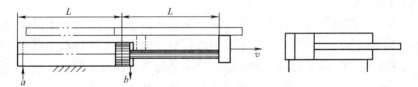

图 5 - 15 缸体固定的双作用式单活塞杆液压缸

如果单活塞杆液压缸的左、右两腔同时通压力油，则称为差动连接液压缸，如图 5 - 16 所示。虽然两腔的油液压力相等，但因两腔的有效作用面积不同，所以两侧总压力不能平衡，活塞向右的作用力大于向左的作用力，使活塞向右（即有杆腔方向）运动。这样，液压缸有杆腔排出的油液流量和泵输出的流量汇合进入液压缸的左腔，使活塞运动速度加快。

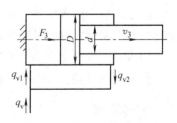

图 5 - 16 差动连接液压缸

差动连接是在不增加液压泵流量的前提下实现快速运动的有效方法。单活塞杆液压缸的这种特点常用于实现机床的工作进给和快速退回，以缩短空回行程时间，提高生产效率。例如常应用在组合机床的液压动力滑台和专用机床中。

3. 液压缸的密封

液压缸密封的目的是为了尽量减少液压油的泄漏，阻止有害杂质侵入系统。液压缸密封性能的好坏直接影响其工作性能和效率，因此要求液压缸所选的密封元件，应在一定的压力下具有良好的密封性能，使泄漏不至于因压力升高而显著增加。常用的密封方式有间隙密封和密封圈两种（图 5 - 17）。

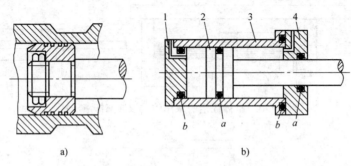

图 5 - 17　常见密封方式
a）间隙密封　b）密封圈密封
1—前端盖　2—活塞　3—缸体　4—后端盖　a—动密封　b—静密封

（1）间隙密封　间隙密封是依靠相对运动的配合表面之间的微小间隙来防止泄漏，活塞上开有若干个环形小槽，以减少活塞运动时的摩擦并增强密封效果。这种密封摩擦力小，内泄漏量大，密封性能差且加工精度要求高，只适用于低压、运动速度较快的场合。

（2）密封圈密封　密封圈密封是液压系统中应用最广泛的一种密封方式。密封圈通常用耐油橡胶压制而成，它通过受压后的弹性变形来实现密封。密封圈是标准件，使用方便，密封可靠。常用的密封圈有 O 形密封圈、Y 形密封圈和 V 形密封圈等。

4. 液压缸的缓冲

液压缸通常设有缓冲装置，目的是为了防止活塞在行程终了时，由于惯性力的作用与端盖发生撞击，影响设备的使用寿命。特别是当液压缸驱动重负荷或运动速度较大时，液压缸的缓冲就显得特别重要。液压缸缓冲的原理是当活塞将要达到行程终点、接近端盖时，增大回油阻力，以降低活塞的运动速度，从而减小和避免对活塞的撞击。

5. 液压缸的排气

由于油液中混入空气或液压缸在安装过程中以及停止使用时空气的侵入，在液压缸的最高部位常会聚集空气，若不排除，液压缸在运行过程中，会因空气的压缩性而产生低速爬行和噪声等不正常现象。为了便于排除积留在液压缸内的空气，油液最好从液压缸的最高点进入，使空气随油液排往油箱，再从油箱的油面中逸出。

任务实施

双作用式单活塞杆液压缸常用于实现慢速工作进给，回程空载时的快速退回，例如牛头刨床的滑枕的运动就可采用这种液压缸。双作用式双活塞杆液压缸活塞的往复运动速度和行程都相等，适用于工作台往返运动速度相同，推力不大的场合。缸体固定的液压缸，因运动范围较大，占地面积较大，一般适用于小型机床或液压设备；相反的，由于活塞杆固定的液压缸运动范围不大，占地面积较小，常用于中型或大型机床或液压设备中。

前面提到的磨床工作台，需要连续往复的直线运动，来回的往返速度要求相等，所以决定采用活塞杆固定式的双作用式双活塞杆液压缸，可以保证左、右两个方向的运动速度一致，同时减少了机床的占地面积。

考试要点

1. 判断题

(1) 双作用式单活塞杆液压缸两个方向所获得的作用力是不相等的。　　　　　(　　)

(2) 液压缸密封性能的好坏，对液压缸的工作性能没有影响。　　　　　　　(　　)

(3) 液压系统中的油液如果混有空气将会严重地影响工作部件的平稳性。　　(　　)

(4) 双活塞杆液压缸可以实现差动连接。　　　　　　　　　　　　　　　(　　)

(5) 为了排出积留在液压缸内的空气，油液最好从液压缸的最高点进入和排出。(　　)

(6) 差动连接的液压缸输出的推力比非差动连接时的推力要小。　　　　　(　　)

2. 选择题

(1) 能实现差动连接的液压缸是_____液压缸。

A. 双作用式双活塞杆　　　　B. 单作用式双活塞杆　　　　C. 双作用式单活塞杆

(2) 对运动平稳性要求较高的液压缸，为了方便排出积留在液压缸内的空气，常在液压缸的两端装有_____。

A. 密封圈　　　　　　　　B. 缓冲结构　　　　　　　C. 排气阀

(3) _____不是油箱的作用。

A. 散热　　　　　　　　　B. 分离油中的杂质　　　　C. 存储压力油

(4) 液压系统在通常情况下，泵的吸油口一般应安装有_____。

A. 蓄能器　　　　　　　　B. 精过滤器　　　　　　　C. 粗过滤器

(5) 对行程较长的机床，考虑到缸体的孔加工困难，所以采用_____。

A. 单出杆活塞式　　　　　B. 双出杆活塞式　　　　　C. 柱塞式

3. 计算题

已知液压缸内径 $D = 80\text{mm}$，活塞杆直径 $d = 50\text{mm}$，切削负载 $F = 10000\text{N}$，摩擦总阻力 $F_f = 2500\text{N}$，设无杆腔进油为快退，试计算工进时和快退时油液的压力各为多少？

单元 14　认识液压控制阀和液压控制回路

14

任务1　认识单向阀和锁紧回路

知识目标：
　　了解单向阀的分类、工作原理和用途。
技能目标：
　　1. 熟悉单向阀的图形符号。
　　2. 正确分析锁紧回路。

任务描述

　　图 5 - 18 所示为一汽车起重机正从水中打捞起重物的工作示意图。汽车起重机在工作时其支腿机构能将整台车抬起，使汽车所有轮胎离地，免受起重载荷的作用，而且液压支腿的支撑状态能长时间保持位置不变，防止起吊重物时出现软腿现象。那么汽车起重机的液压系统是用哪种液压元件来实现这一动作的呢？又是怎样保证不会出现软腿现象的呢？

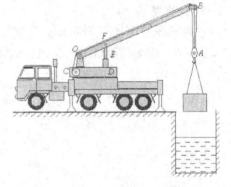

任务分析

　　汽车起重机在进行起重作业时，其支腿机构主要是依靠液压缸活塞杆的伸缩来完成工作的。为了

图 5 - 18　汽车起重机工作示意图

使液压缸活塞杆能够可靠地停在某处而不受外界影响，可以利用单向阀来控制液压油的流动方向，保证液压油不会倒流。

相关知识

　　液压基本回路是由若干液压元件组成，且能完成某一特定功能的简单回路。下面来学习液压控制元件即液压控制阀。液压传动系统中连通或控制油液流动方向的阀称为方向控制阀，简称方向阀。按用途分为单向阀和换向阀。

1. 单向阀

单向阀的主要作用是控制油液的单向流动。一般由阀体、阀芯和弹簧等零件构成。单向阀按油口通断的方式可分为普通单向阀和液控单向阀两类。普通单向阀一般简称为单向阀。单向阀的连接方式有管式和板式两种。

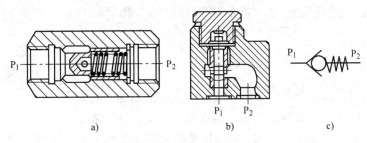

图 5 - 19　单向阀的结构和图形符号

a）直通式　b）直角式　c）图形符号

图 5 - 19a 所示为直通式结构，通常将其进、出油口制成连接螺纹，直接与油管接头连接，成为管式单向阀；图 5 - 19b 所示为直角式结构，通常将其进、出油口开在同一平面上，成为板式单向阀。压力油从进油口 P_1 流入，流体力克服弹簧的弹簧力，顶开阀芯，从出油口 P_2 流出。液体反向流动时，阀芯在弹簧力和流体力的作用下压紧在阀口上，封住通道，使流体不能反向流动。单向阀的图形符号如图 5 - 19c 所示。

单向阀的作用是只允许油液在油路中按一个方向流动，禁止油液倒流。

2. 液控单向阀

根据液压系统的需要，有的时候需要使被单向阀逆止的回路重新接通，因此可以把单向阀做成闭锁回路能够控制的结构，这就是液控单向阀。液控单向阀是一种通入控制压力油后允许油液双向流动的单向阀。如图 5 - 20a 所示，控制油口 K 未通压力油时，主通道中的油液只能从进油口 P_1 流入，顶开阀芯从出油口 P_2 流出，相反方向则闭锁。当控制油口 K 接通压力油时，控制活塞往右移动，借助于顶杆将阀芯顶开，使进油口和出油口接通，油液可以沿两个方向自由流动。控制油口 K 排出的油液经泄油口 X 流回油箱。液控单向阀的图形符号如图 5 - 20b 所示。

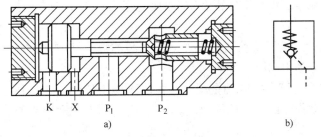

图 5 - 20　液控单向阀的结构和图形符号

a）结构原理图　b）图形符号

3. 锁紧回路

锁紧回路是使液压缸能停留在任意位置上，且停留后不会因有外力作用而移动位置的回路。可以采用 O 型或 M 型的三位四通电磁换向阀的锁紧回路。当阀芯处于中位时，液压缸的进、出油口都被封闭，可以将液压缸锁紧。这种锁紧回路由于受到滑阀泄漏的影响，锁紧效果较差，因此通常采用液控单向阀的锁紧回路。如图 5 - 21 所示在液压缸的进、回油路中都串联有液控单向阀 1、2（又称液压锁），活塞可以在行程的任意位置锁紧，其锁紧精度只受液压缸内少量的内泄漏影响，锁紧精度较高。

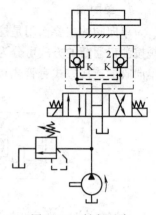

图 5 - 21　锁紧回路

 **任务实施**

汽车起重机进行起重作业时，液压支腿的支撑状态能长时间保持位置不变，防止起吊重物时出现软腿现象，其实就是对液压缸进行锁紧操作，可以采用图 5 - 21 中液控单向阀控制的锁紧回路。利用液控单向阀的密封性能好的优点，使液压缸能长期缩进，满足任务的要求，其工作要求如下：

1）当换向阀处于右位时，压力油经液控单向阀 2 进入液压缸右腔，同时压力油也进入液控单向阀 1 的控制口 K，使液控单向阀 1 反向导通，液压缸左腔的油液经换向阀流回油箱，使活塞向左运动。

2）当换向阀处于左位时，压力油经液控单向阀 1 进入液压缸左腔，同时压力油也进入液控单向阀 2 的控制口 K，使液控单向阀 2 反向导通，液压缸右腔的油液经换向阀流回油箱，使活塞向右运动。

3）若要使活塞停在某一位置，只要将换向阀置于中位即可。因阀的中位机能是 H 型，液压泵卸荷，液控单向阀上的控油压力立即消失，液控单向阀立即关闭，不能反向导通，液压缸活塞两端的压力油被封住不能流动便被锁紧，活塞停止运动。

知识拓展

1. 液压控制元件

在液压传动系统中，为了控制和调节液流的方向、压力和流量，以满足各种工作机械的不同要求，就要用到液压控制元件。液压控制元件主要指各种液压控制阀，又称液压阀或是控制阀，简称阀。根据用途和工作特点的不同，控制阀可以分为方向控制阀、压力控制阀和流量控制阀三大类。

（1）方向控制阀　液压传动系统中连通或控制油液流动方向的阀称为方向控制阀，简称方向阀。按用途分为单向阀和换向阀。

（2）压力控制阀　压力控制阀是用来在液压系统中控制油液的压力高低，或利用压力的变化来实现某种动作的阀，简称压力阀。按照用途不同，压力阀可分为溢流阀、减压阀、顺序阀和压力继电器等。

（3）流量控制阀　流量控制阀是通过改变节流口通流截面积的大小来调节液体流经阀口的流量，以控制执行元件的运动速度的液压控制阀。流量控制阀可以简称为流量阀。常用的流量阀有节流阀和调速阀等。

2. 液压基本回路

液压基本回路是指由某些液压元件组成的并能完成某一特定功能的典型回路。对于同一功能的基本回路，可有多种实现方法。常用的基本回路按功能分为四种：方向控制回路、压力控制回路、速度控制回路和顺序控制回路。熟悉和掌握这些基本回路的组成、工作原理和性能，是分析、维护、安装调试和使用液压系统的重要基础。

（1）方向控制回路　方向控制回路是控制执行元件的启动、停止（包括锁紧）或改变运动方向的回路。方向控制回路包括换向回路和锁紧回路。

（2）压力控制回路　利用压力控制阀来调节系统整体或某一局部的压力，满足执行元件要求的回路。压力控制回路可以实现调压、减压、增压、顺序、卸荷等功能。

（3）速度控制回路　用来控制执行元件运动速度的回路。主要包括调速回路和速度换接回路。

（4）多缸控制回路　液压系统中，一个油源往往要驱动多个液压缸，这些液压缸会因为压力和流量的影响而在动作上相互干涉，因此需要一些特殊的回路去实现这些预定的动作，使它们有序地工作。主要包括顺序动作回路和同步回路等。

考试要点

1. 判断题

（1）普通单向阀的作用是变换油液的流动方向。　　　　　　　　　　　（　　）

（2）采用液控单向阀的锁紧回路，一般锁紧精度较高。　　　　　　　　（　　）

（3）卸荷回路属于方向控制回路的一种。　　　　　　　　　　　　　　（　　）

（4）一个复杂的液压系统是由液压缸、液压泵和各种控制阀等基本回路组成。（　　）

（5）液控单向阀可以实现双向通油。　　　　　　　　　　　　　　　　（　　）

2. 简答题

什么是方向控制回路？其主要液压元件有哪几种？

任务 2　认识换向阀和换向回路

知识目标：

1. 了解换向阀的分类、工作原理和用途。

2. 熟悉换向阀的中位机能。

技能目标：

1. 掌握各种换向阀的命名和图形符号。

2. 掌握换向回路的油路分析。

任务描述

前面图 5-7 所示的外圆磨床中，工作台工作时需要左右移动。哪个液压元件来实现这一动作？又是如何实现的？

任务分析

在这个控制外圆磨床工作台移动的液压系统中，当压力油进入液压缸的不同工作腔时，可以使液压缸带动工作台完成相应的往复运动。实现这一功能的控制元件就是换向阀。换向阀如何工作？有哪些类型？

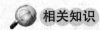 **相关知识**

换向阀是利用阀芯和阀体间的相对运动，改变阀芯和阀体间的相对位置，来变换油液流动的方向及接通或关闭油路，进而控制执行元件的换向、启动和停止。换向阀是液压系统中非常重要的控制元件。

1. 换向阀的分类

换向阀的种类很多，按照不同的分类方法，换向阀有很多不同的类型，见表5-4。

表5-4　换向阀的分类

分类方法	类型
阀的结构形式	滑阀式、转阀式和球阀式
阀的操纵控制方式	手动、机动、电磁动、液动、电液动
阀体对外接通的主要油口数	二通、三通、四通、五通
阀芯在阀体内的工作位置数	二位、三位、四位、五位

2. 换向阀的图形符号

（1）换向阀常用的操纵方式（表5-5）

表5-5　换向阀的常用操纵方式

手柄式	机械控制式			单作用电磁铁	液压控制
	顶杆式	滚轮式	弹簧式		

1）手动换向阀：是利用手柄扳动杠杆来改变阀芯和阀体的相对位置实现换向的。

2）机动换向阀：又称行程阀，是利用安装在液压设备运动部件上的撞块或凸轮推动阀芯来进行换向的。

3）电磁换向阀：又称电磁阀，它是利用电磁铁的通电吸合与断电释放直接推动阀芯换位来控制液流方向的换向阀。

4）液动换向阀：是利用控制油路的压力油直接推动阀芯来改变阀芯位置的换向阀。

5）电液换向阀：是以电磁换向阀为先导阀，液动换向阀为主阀所组成的组合阀。

（2）常用的滑阀换向阀的图形符号　一个换向阀的完整符号应具有工作位置数、通路口数和在各工作位置上阀口的连通关系、控制方法以及复位、定位方法等。

"位"就是指阀的工作位置数，用方框表示，有几个方框就表示有几"位"。

"通"是指阀的通路口数，即箭头"↑"或封闭符号"⊥"与方格的交点数。图形符号中指与方框外连接的接口数，有几个接口就表示几"通"。方框内的箭头表示油路处于接通状态，但箭头方向不一定表示液流的实际方向。"⊥"表示该油路不通。

换向阀都有两个或两个以上的工作位置，其中一个为常态位，即阀芯未受到操纵力时所处的位置。图形符号中的中位是三位阀的常态位，利用弹簧复位的二位阀则以靠近弹簧的方框内的通路作为其常态位。绘制系统图时，油路一般连接在换向阀的常态位上。

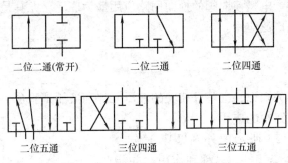

二位二通(常开)	二位三通	二位四通
二位五通	三位四通	三位五通

图 5 - 22　常用换向阀的图形符号

一般情况下，阀与系统供油路连接的进油口用字母 P 表示，阀与系统回油路连通的回油口用 T 表示，阀与执行元件的连接油口用 A、B、C 等表示。有时在图形符号上用 L 表示泄漏油口。

3. 三位换向阀的中位机能

三位换向阀的阀芯在阀体中有左、中、右三个工作位置。中间位置可利用不同形状及尺寸的阀芯结构，得到多种不同的油口连接方式。三位换向阀在常态位置（中位）时各油口的连通方式称为中位机能。中位机能不同，阀的中位对系统的控制性能也就不同。常见的三位四通换向阀的中位机能见表 5 - 6。

表 5 - 6　三位四通换向阀常见的中位机能

类型	图形符号	中位机能特点
O 型	A B P T	P、A、B、T 四个通口全部封闭，液压缸闭锁，液压泵不卸荷
H 型	A B P T	P、A、B、T 四个通口全部相通，液压缸活塞呈浮动状态，液压泵卸荷
Y 型	A B P T	通口 P 封闭，A、B、T 三个通口相通，液压缸活塞呈浮动状态，液压泵不卸荷
P 型	A B P T	P、A、B 三个通口相通，通口 T 封闭，液压泵与液压缸两腔相通，可组成差动回路
M 型	A B P T	通口 P、T 相通，通口 A、B 封闭，液压缸闭锁，液压泵卸荷

4. 换向回路

换向回路的功用是改变执行元件的运动方向。执行元件的换向，一般可采用各种换向阀来实现，只是性能和使用场合不同。根据执行元件的不同要求可以采用二位四通或三位四通等各种换向阀进行换向。电磁换向阀的换向回路应用最为广泛，尤其是在自动化程度较高的组合机床液压系统中被广泛应用。

任务实施

学习了换向阀的相关知识，准备好相关的液压元件和液压试验台，以外圆磨床工作台为例说明换向阀在换向回路中的应用。

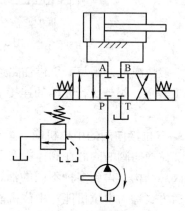

图 5-23　外圆磨床工作台
方向控制回路

1）先要看懂图 5-23 所示的外圆磨床工作台方向控制回路，知道各个元件的名称和作用，并能正确地从已经准备好的液压元件中选出要用的液压元件。

2）然后照着图上要求，在实验台上安装各个液压元件。要注意安装规范，各元件在合理的位置上布置。

3）布置完成后，用油管把各相关油口连接起来。

4）对照工作原理简图，检查各油口的连接关系。检查完毕，确认没有错误，启动液压泵，利用三位四通电磁换向阀来控制执行元件的运动。简要分析其动作过程，以便参考。

图 5-23 所示状态为中位接入系统工作时，电磁铁均断电，进、出油口的油路被封闭，活塞停止运动。

当换向阀切换至左位接入系统工作，左侧电磁铁通电，右侧断电，此时回路：

进油路：液压泵→换向阀 P 口→A 口→液压缸左腔→活塞向右移动。

回油路：液压缸右腔→换向阀 B 口→T 口→油箱。

当换向阀切换至右位接入系统时，左侧电磁铁断电，右侧电磁铁通电，此时回路：

进油路：液压泵→换向阀 P 口→B 口→液压缸右腔→活塞向左移动。

回油路：液压缸左腔→换向阀 A 口→T 口→油箱。

知识拓展

卸荷回路：当液压系统中的执行元件停止工作时，应使液压泵卸荷，这时需要用卸荷回路。卸荷回路的功用是：使液压泵驱动电动机不频繁启闭，让液压泵在接近零压的情况下运转，以减少功率损失和系统发热，延长泵和电动机的使用寿命。

卸荷回路的方式有很多，图 5-24 所示为二位二通电磁换向阀构成的卸荷回路，图 5-25 所示为利用三位四通电磁换向阀的 M（或 H）型中位机能使液压泵卸荷。

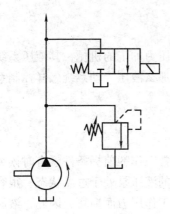

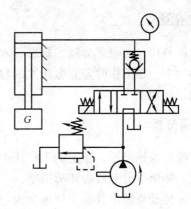

图 5-24　二位二通电磁换向阀　　　　　图 5-25　三位四通电磁换向阀
　　　　　构成的卸荷回路　　　　　　　　　　　　构成的卸荷回路

考试要点

1. 选择题

（1）当电磁铁断电时，三位四通电磁换向阀的阀芯处于＿＿＿＿位置。

A. 左端　　　　　　　　B. 右端　　　　　　　　C. 中间

（2）以下属于方向控制回路的是＿＿＿＿。

A. 卸荷回路　　　　　　B. 换向回路　　　　　　C. 节流调速回路

（3）换向阀中，与液压系统油路相连通的油口数称为＿＿＿＿。

A. 通　　　　　　　　　B. 位　　　　　　　　　C. 路

（4）当三位四通换向阀处在中位时，下列哪一种类型中位机能可实现液压泵的锁紧。

A. O 型　　　　　　　　B. H 型　　　　　　　　C. Y 型

（5）下列回路属于方向控制回路的是＿＿＿＿。

A. 换向、锁紧　　　　　B. 调压、减压　　　　　C. 调速、换接

2. 简答题

（1）换向阀按操纵方式不同可以分为哪几种？

（2）什么是换向阀的"位"和"通"？

任务 3　认识溢流阀和调压回路

知识目标：

　1. 了解溢流阀的类型、结构、工作原理和特点。

　2. 了解溢流阀的应用。

技能目标：

　1. 熟悉溢流阀的类型和图形符号。

　2. 能正确合理地调节系统压力。

　3. 能正确分析调压回路。

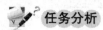 任务描述

液压机是用来对很多金属、塑料、木材等材料进行压力加工的机械，其液压系统主要以压力变换为主，在工作时需克服很大的材料变形阻力。那么液压传动系统怎样控制系统的压力，它们是如何工作的？

任务分析

对于液压系统来说，稳定的工作压力是保证系统正常工作的前提条件。有时候突遇传动系统过载，如果没有有效的卸荷措施，会使液压系统中的液压泵处于过载状态，很容易发生损坏，液压传动系统中其他元件也会因超过自身的额定工作压力而损坏，因此，液压传动系统必须能有效地控制系统的压力，担此重任的就是压力控制阀。

相关知识

在液压系统中，压力控制阀是用来在液压系统中控制油液的压力高低，或利用压力的变化来实现某种动作的阀，简称压力阀。按照用途不同，压力阀分为溢流阀、减压阀、顺序阀和压力继电器等。压力阀是利用作用于阀芯上的液压力与弹簧力相平衡的原理来进行工作的。

1. 溢流阀

溢流阀在系统中的作用是使被控制的系统或回路的压力保持恒定，实现稳压、调压和限压的作用，防止系统过载。溢流阀通常接在液压泵出口处的油路上。

根据结构和工作原理的不同，溢流阀可分为直动式溢流阀和先导式溢流阀两种。

如图 5 - 26b 所示，直动式溢流阀主要由阀体 1、阀芯 2、调压弹簧 3 和调压螺钉 4 组成；压力油进口 P 与系统相连，油液溢出口 T 通油箱。图 5 - 26c 所示为直动式溢流阀的图形符号。

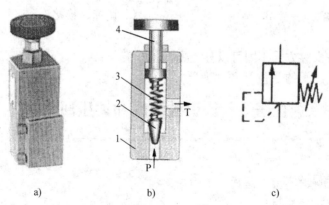

图 5 - 26　直动式溢流阀
a）外形图　b）原理图　c）图形符号
1—阀体　2—阀芯　3—调压弹簧　4—调压螺钉

当进油口压力 p 小于溢流阀的调定压力 p_k 时，由于阀芯受调压弹簧力作用使阀口关闭，油液不能溢出。当进油口压力 p 等于溢流阀的调定压力 p_k 时，阀芯两端所受的压力与弹簧

力相平衡，此时阀口即将打开。当进油口压力 p 超过溢流阀的调定压力 p_k 时，压力将阀芯向上推起，压力油进入阀口后经 T 口流回油箱，使进口处的压力不再升高。溢流阀工作时，阀芯随着系统压力的变化而上下移动，以此维持系统压力基本稳定，并对系统起安全保护的作用。旋动调压螺杆可调节调压弹簧的预紧力，可以改变溢流阀的调定压力。

直动式溢流阀的特点是结构简单、制造容易，一般只适用于最大调整压力为 2.5MPa 或流量较小的场合。如果系统的压力较高和流量较大，则需采用先导式溢流阀。先导式溢流阀灵敏度较高，压力波动较直动式溢流阀小，噪声小，最大调整压力 6.3MPa，所以常用在压力较高或流量较大的场合。

2. 溢流阀的用途

（1）溢流稳压　在液压系统中用定量泵和节流阀进行调速时，溢流阀可以使系统的压力恒定。系统正常工作时，溢流阀的阀口是常开的。节流阀调节多余的压力油可以通过溢流阀流回油箱，即利用溢流阀进行分流，系统的压力由溢流阀调节并保持恒定，如图 5 - 27a 所示。

（2）过载保护　在液压系统中用变量泵进行调速时，泵的压力随负载变化，这时需防止过载，溢流阀起过载保护作用，又称为安全阀。在正常工作时阀的阀口处于关闭状态，液压缸需要的流量由变量泵本身调节，系统中没有多余的油液，系统的工作压力取决于负载的大小。只有在系统的压力超过溢流阀的调定压力时，溢流阀才打开阀口溢流，使油液溢回油箱，使系统压力不再升高，保证系统安全。通常这种溢流阀的调定压力比系统最高压力高 10% ~ 20%，如图 5 - 27b 所示。

（3）远程调压　把先导式溢流阀的外控口上接上远程调压阀，相当于阀 2 除自身先导阀外，又加了一个先导阀。调节阀 1 便可对阀 2 实现远程控制。远程调压阀 1 所能调节的最高压力不得超过溢流阀 2 自身先导阀的调定压力，如图 5 - 27c 所示。

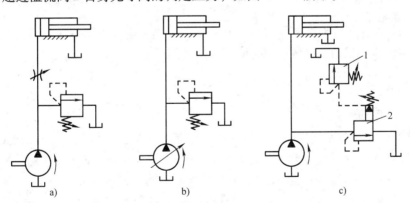

图 5 - 27　溢流阀的用途

任务实施

液压机工作时，系统的压力必须与负载相适应，可以通过溢流阀调整回路的压力来实现，这样才能降低动力损耗，减少系统发热。调压回路的功用是使液压系统或某一部分的压力保持恒定或不超过某个数值，调压功能主要由溢流阀完成。常用的调压回路有下面两种：单级调压回路和多级调压回路。

1. 单级调压回路

单级调压回路就是为系统提供某一稳定压力的回路。图 5-28 即为利用溢流阀来调压的单级调压回路，是可以实现锻压机压力控制的液压控制回路。系统由定量泵供油，采用节流阀调节进入液压缸的流量，使活塞获得需要的运动速度。由于液压泵的输出流量大于通过节流阀进入液压缸的流量，油液压力升高到溢流阀的调定压力时，溢流阀开始溢流，泵的出口处的压力稳定在溢流阀的调定压力上。调节溢流阀便可调节泵的供油压力，溢流阀的调定压力必须大于液压缸最大工作压力和油路上各种压力损失的总和。

2. 多级调压回路

多级调压回路可以满足工作元件在运动过程中的不同阶段需要有不同的压力的要求。图 5-29 所示为二级调压回路，图中有两个溢流阀。活塞向下运动为工作行程，系统压力较高，由溢流阀 1 调定；换向阀 3 切换后，活塞向上运动为回程，系统需要较低压力，则由溢流阀 2 调定。

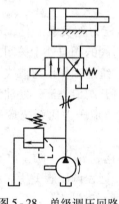

图 5-28 单级调压回路

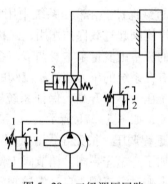

图 5-29 二级调压回路

液压机工作时主供油回路的作用是向整个系统提供稳定压力的液压油及防止系统过载，因此采用由溢流阀组成的单级调压回路即可满足使用要求。

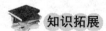 知识拓展

顺序阀与顺序动作回路

1）顺序阀是压力控制阀的一种，主要用来控制系统中各执行元件动作的先后顺序。根据结构和工作原理不同，顺序阀可以分为直动式和先导式（图 5-30）两类。按照压力油的来源不同，又可以分为内控式和外控式两种。内控式是用阀的进口压力来控制阀芯的启闭，外控式是用其他的压力油控制阀芯的启闭，又称液控顺序阀。顺序阀的出口处通常是连接另一工作油路，其进、出口处的油液都是压力油。

图 5-30 先导式顺序阀外形图

2）顺序阀与单向阀一起可以组成平衡阀，主要用于保持垂直放置的液压缸不因自重而落下的平衡回路，也有采用液控单向阀的平衡回路。液压系统中，如果需要一个油源驱动多个液压缸动作，就需要顺序动作回路（图 5-31）去实现预定的动作，让各个液压缸按照预定的顺序去工作，互不干扰。

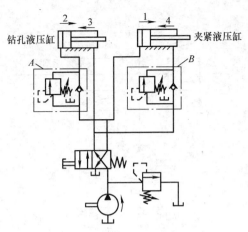

图 5 - 31　顺序动作回路

顺序动作回路动作的可靠性取决于顺序阀的性能及其压力调定值，后一个动作的压力必须比前一个动作的压力高出 10 % ~ 15 %，而且其开关的压力差不能太大，否则易在压力波动时造成误操作，引起事故。

考试要点

1. 判断题

（1）液压系统中常用的压力控制阀是单向阀。 　　　　　　　　　　　　（　　）

（2）电磁换向阀适用于大流量。 　　　　　　　　　　　　　　　　　（　　）

（3）压力继电器是液压系统中的一种压力控制阀。 　　　　　　　　　（　　）

（4）当溢流阀安装在泵的出口处，起到过载保护作用时，其阀芯是常开的。 （　　）

（5）调压回路所采用的主要元件是溢流阀。 　　　　　　　　　　　　（　　）

2. 选择题

（1）直动式溢流阀一般用于_____。

A. 低压　　　　　　　　B. 高压　　　　　　　　C. 中压

（2）在液压系统中可用于安全保护的控制阀是_____。

A. 单向阀　　　　　　　B. 顺序阀　　　　　　　C. 溢流阀

（3）溢流阀起稳压、安全作用时，一般安装在_____的出口处。

A. 液压缸　　　　　　　B. 液压泵　　　　　　　C. 节流阀

（4）在液压系统中，_____的出油口与油箱相连。

A. 溢流阀　　　　　　　B. 减压阀　　　　　　　C. 顺序阀

（5）溢流阀的调定压力是 3×10^6 Pa，其远程控制口与油箱接通时，系统的压力是_____。

A. 随负载而定　　　　　B. 零　　　　　　　　　C. 3×10^6 Pa

3. 计算题

如图 5 - 32 所示液压系统中，若溢流阀的调定压力为 5×10^6 Pa，减压阀的调定压力为 1.5×10^6 Pa。试分析在液压缸正常工作期间图中 A 点和 B 点的压力值是否一样。

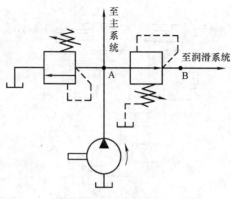

图 5 - 32　计算题图

4. 简答题

溢流阀的用途有哪些？

任务4　认识节流阀和节流调速回路

知识目标：
1. 节流阀的类型、结构、工作原理和特点。
2. 节流阀的节流口的形式、节流原理和应用。

技能目标：
1. 熟悉节流阀的类型和图形符号。
2. 能正确分析节流调速回路。

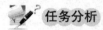 **任务描述**

图 5 - 18 所示的汽车起重机中，重物的提起和放下是通过一个双作用液压缸活塞杆的伸出和缩回来实现的。为了保证重物能平稳地被提起和放下，就需要对液压缸活塞的运动速度进行一定的调节。哪个液压元件可以调节运动速度？又是怎样实现调节的？

任务分析

这个任务的执行元件是液压缸，液压缸活塞杆的运动速度跟进入液压缸的油液的流量和液压缸活塞杆的有效作用面积有关，用 $v = q/A$ 来计算。所以要想改变执行元件的运动速度有两种方法：一种方法是改变进入液压缸油液的流量；二是改变液压缸活塞杆的有效作用面积。在一个实际应用的液压系统中，液压缸是依据相关实际情况计算后选定的，其活塞杆的有效作用面积不可能任意改变，第二种方法不可取，所以通常采用第一种方法来控制执行元件的运动速度。

相关知识

流量控制阀是通过改变节流口通流截面积的大小来调节液体流经阀口的流量，以控制执行元件运动速度的液压控制阀。流量控制阀可以简称为流量阀，常用的流量阀有节流阀和调速阀等。

1. 节流口的形式

任何一个流量控制阀都有一个节流部分，即节流口。改变节流口通流截面积大小，即可达到调节执行装置运动速度的目的。节流口的形式很多，常见的有针阀式（图 5 - 33a）、偏心槽式（图 5 - 33b）、轴向三角槽式（图 5 - 33c）、周向缝隙式（图 5 - 33d）和轴向缝隙式（图 5 - 33e）等。

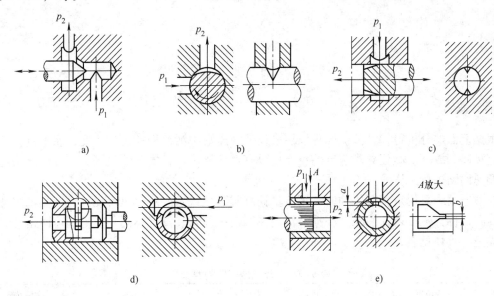

图 5 - 33　节流口的形式

a）针阀式节流口　b）偏心槽式节流口　c）轴向三角槽式节流口　d）周向缝隙式　e）轴向缝隙式

其中针阀式节流口，阀芯作轴向移动，便可调节流量。偏心槽式节流口，转动阀芯来改变通流截面积大小，即可调节流量。这两种节流口结构简单，工艺性好，但流量不稳定，易堵塞，一般用于要求不高的场合。轴向三角槽式节流口，轴向移动阀芯，便可调节流量。此种节流口结构简单，容易制造，流量稳定性好，不宜堵塞，所以应用广泛。后面两种节流口性能较好，但结构复杂，加工要求较高，故应用于流量调节性能要求高的场合。

2. 节流阀

图 5 - 34 所示为节流阀，它由调节螺钉、阀芯、弹簧和阀体等组成，它的节流口形式为轴向三角槽式。压力油从进油口 A 进入节流阀，经通道和阀芯下端的三角槽式节流口后，再从出油口 B 流出。转动阀上方的调节螺钉，可推动阀芯沿轴向移动，便可改变阀口的通流面积。阀口通流面积可以改变，就可以调节节流口的流量大小。它的图形符号如图 5 - 34c 所示。

3. 速度控制回路

控制执行元件运动速度的回路称为速度控制回路，常见的有调速回路和速度换接回路。调速回路就是用来调节执行元件的速度的回路。

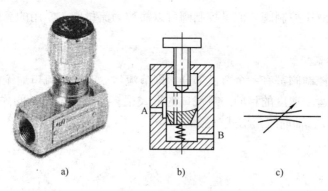

图 5 - 34　节流阀

a）外形图　b）工作原理图　c）图形符号

任务实施

　　根据上面的分析得知，节流阀可以用来调节液压缸中活塞杆的运动速度，使得重物可以平稳地提起和放下。此任务对速度的稳定性没有严格要求，又属于低速轻载，可以选用进油节流调速回路进行工作。

　　在液压系统采用定量泵供油时，用流量控制阀改变进入或流出执行元件的流量来实现调速的回路，称为节流调速回路。根据节流阀在回路中的安装位置不同，节流调速回路可分为三种类型，具体见表 5 - 7。

表 5 - 7　节流调速回路的类型

类型	安装位置	回路图	工作过程	应用特点
进油节流调速回路	将节流阀串联在液压泵与液压缸之间		泵输出的油液部分经节流阀进入液压缸的工作腔，多余油液经溢流阀流回油箱。调节节流阀的通流面积，就可调节通过节流阀的流量，进而调节液压缸的运动速度	效率较低，一般用于功率较小、负载变化不大的液压系统
回油节流调速回路	将节流阀串联在液压缸和油箱之间		用节流阀调节液压缸的回油流量，控制进入液压缸的流量，即可实现调速，活塞在运动过程中存在着背压	主要用于功率不大、承受负载能力强和运动平稳性要求较高的液压系统
旁路节流调速回路	将节流阀安装在与液压缸并联的支路上		节流阀起分流作用，调节液压泵溢回油箱的流量，间接控制了进入液压缸的流量，实现了调速	一般用于高速、重载、对速度平稳性要求较低的较大功率场合

知识拓展

调速阀和速度换接回路

1. 调速阀

由于节流阀前后压力差随负载变化而变化，会引起通过节流阀的流量变化，使执行元件的运动速度不稳定，因此，在速度稳定性要求较高时，常采用调速阀。调速阀是由定差减压阀和可调节流阀串联而成的组合阀。节流阀可以调节调速阀的输出流量，减压阀能使节流阀前后的压力差不随外界负载而变化，保持定值，从而使流量达到稳定。因此，执行元件的运动速度就保持稳定。图 5-35 所示为调速阀的图形符号。

图 5-35　调速阀的图形符号

在一些系统中，液压泵输出的油液需要部分经调速阀进入液压缸的工作腔，调节调速阀的通流面积，可以改变通过调速阀的流量，进而调节液压缸的运动速度。在一些负载较重、速度较高或负载变化较大时可以采用调速阀。

2. 速度换接回路

图 5-36 所示为速度换接回路。图中的两个调速阀串联，可以实现两种进给速度的换接。图示位置，调速阀 B 被换向阀短接，输入系统液压缸的流量由调速阀 A 控制。当换向阀右位接通时，输入液压缸的流量由调速阀 B 控制，因为调速阀 B 的开口要调得小于调速阀 A 的开口。调速阀 A 一直处于工作状态，在速度换接时可以限制进入调速阀 B 的流量，所以这种回路的速度平稳性要好一些。

此回路可以使执行元件从一种速度变换成另一种速度，可以是快速到慢速的换接，也可是两个慢速之间的换接。可以采用串联或并联调速阀实现，也可采用行程阀或其他方法实现。

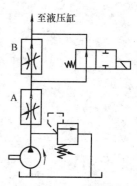

图 5-36　速度换接回路

考试要点

1. 判断题

（1）节流调速回路所采用的主要元件是变量泵及流量控制阀。（　　）

（2）进油路节流调速，泵多余的油液经溢流阀流回油箱，所以溢流阀的阀芯是常闭的。（　　）

（3）调速阀是液压系统中的流量控制阀。（　　）

（4）节流阀能使输出油液的流量不随外负载而变。（　　）

（5）节流阀主要用于控制液压系统中油液的流动方向。（　　）

2. 选择题

（1）调速阀是组合阀，其组成是＿＿＿＿。

A. 可调节流阀和单向阀　　　　　　　B. 定差减压阀与可调节流阀并联

C. 定差减压阀和可调节流阀串联

（2）在定量泵的供油系统中，流量阀必须与＿＿＿＿并联，才能起到调速作用。

A. 溢流阀　　　　　　B. 减压阀　　　　　　C. 顺序阀

（3）要是液压缸活塞运动基本稳定，应采用_____进行调速。

A. 节流阀　　　　　　　B. 溢流阀　　　　　　　C. 调速阀

（4）采用节流阀的调速回路，当节流口的通流面积一定时，通过节流阀的流量与外负载的关系_____。

A. 无关　　　　　　　　B. 反比　　　　　　　　C. 正比

（5）下列回路属于速度控制回路的是_____。

A. 换向、锁紧　　　　　B. 调压、调速　　　　　C. 调速、换接

3. 简答题

（1）什么是节流调速回路？

（2）节流调速回路有哪几种类型？

单元15 分析组合机床动力滑台液压系统

15

知识目标：
1. 熟悉各种液压元件在系统中的作用。
2. 熟悉分析液压系统的步骤和方法。

技能目标：
1. 会阅读液压系统图。
2. 会简要分析液压系统。

任务描述

图 5-37 所示为 YT4535 型液压动力滑台。该滑台的进给速度范围为 $6.6 \sim 660\,mm/min$，最大快进速度为 $7300\,mm/min$，最大进给力为 $4.5 \times 10^4\,N$。试分析：

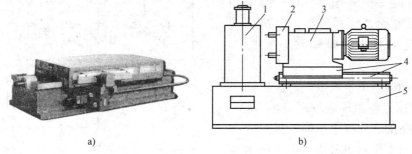

图 5-37 YT4535 型液压动力滑台

a）动力滑台外形图 b）组合机床的组成

1—夹具和工件 2—主轴箱 3—动力头 4—动力滑台 5—床身

1）填写液压系统实现"快进→第一次工进→第二次工进→止挡块停止→快退→原位停止"工作循环的电磁铁动作顺序表。

2）分析此系统的特点。

任务分析

液压动力滑台是组合机床的重要通用部件之一，其上可以配置多种用途的切削头或工件，用于实现进给运动。组合机床（图5-37b）是一种自动化程度较高的专用、高效机床，主要由夹具和工件1、主轴箱2、动力头3、动力滑台4、床身5等组成。能完成对工件的钻、镗、铣等工序以及工作台的转位、定位等辅助工作，这些工作的进给运动都可以通过液压动力滑台来实现。液压动力滑台是利用液压缸将泵站所提供的液压能转变成滑台运动所需的机械能的。对液压动力滑台液压系统的性能要求主要是工作可靠，换速平稳，进给速度稳定，功率利用合理和系统效率高。

🔍 相关知识

液压系统图反映了液压系统所采用的液压元件的类型、液压系统的动作顺序、控制方式等。通过阅读液压系统图，可以了解各个执行元件之间的联系、整个回路的基本情况以及整个系统如何工作。阅读液压原理图，一般按以下步骤进行：

1）了解液压设备的用途、性能特点、适用场合以及对液压系统提出的要求。

2）初步浏览整个系统图，主要了解图中包含哪些液压元件及各元件之间的关系。找出主油路和控制油路，以执行元件为中心将整个液压系统划分为多个子系统。

3）读懂每个子系统。先找到整个系统动力的来源（液压泵），再找到执行元件（液压缸）。然后找到与执行元件有关的液压阀及管路，将其连起组成一些基本回路，参照动作循环表，分析其工作状态由何处发来信号，让哪些控制元件动作，如何改变其通路状态等。

4）读懂整个液压系统图。根据已经找到的液压基本回路，了解执行元件间互锁、同步或是顺序动作等要求，分析各子系统之间的联系进而弄清楚液压系统是如何实现这些要求的。

5）读懂整个液压系统图，归纳总结整个系统的特点，加深对系统的理解。

液压传动的应用领域很广，包括机械制造、机床、船舶等领域都有涉及。因为各种设备的工作要求不同，其液压系统的组成、工作原理及特点也不尽相同。现在就以图5-38为例，简要讲解各种液压元件在液压系统中的作用和各基本回路的构成，进而掌握分析液压系统的方法和步骤。

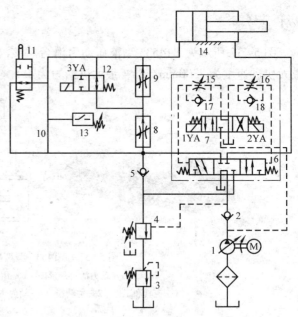

图5-38　动力滑台的传动系统

⚠️ 任务实施

1. 简要分析其工作循环过程

（1）快速进给　按下起动按钮，电磁铁1YA通电，电磁换向阀7的左位接入系统，控制油液经电磁换向阀进入液动换向阀6的左端，使液动换向阀的左位接入系统。回油路上油液没有回油箱，直接通过阀 5 和 6 进入液压缸的左腔，形成液压缸的差动连接，可以实现滑台的快速进给。

（2）第一次工作进给　当快速进给运动到位置结束时，滑台上的挡块压下行程阀 11，切断该通道。电磁铁 1YA 依然通电，液动换向阀 6 左位仍接入系统，电磁换向阀 12 的电磁铁 3YA 处于断电状态，这时主油路必然经过调速阀 8，使阀前主系统压力升高，顺序阀 4 被打开。由于是工作进给，随着系统压力升高，变量泵 1 的流量会自动减少，滑台实现第一次的进给运动，进给量的大小由调速阀 8 调节。

（3）第二次工作进给　第一次工作进给结束时，滑台上的止挡块压下电气行程开关，使电磁铁 3YA 带电，二位二通电磁换向阀切断了压力油的通路。压力油须经调速阀 8 和调速阀 9 才能进入液压缸的左腔，实现第二次进给，进给量由调速阀 9 控制。由于调速阀 9 的开口比调速阀 8 小，进给速度再一次降低。其他油路与第一次工作进给相同。

（4）止挡块停留　滑台二次工作进给结束时碰到止挡块，不再前进，此时系统压力继续升高，引起压力继电器 13 动作并发出信号。此时变量泵输出的流量极少，仅用来补充泄漏，系统处于保压状态。滑台短时停留后再返回。

（5）快速退回　压力继电器 13 发出信号后，电磁铁 1YA、3YA 断电，2YA 通电，电磁换向阀 7 和液动换向阀 6 的右位处于工作状态，实现换向。油液进入液压缸右腔，滑台后退。由于后退时是空载，系统中压力较低，变量泵 1 输出的流量大，滑台快速退回。滑台快退回至快进终点时，放开行程阀后回油更通畅。

（6）原位停止　工作开始时的状态，电磁铁均断电。换向阀、行程阀处于图示 5-38 位置。液压泵在电动机的作用下从油箱经过滤器将油液输出，随着油液压力逐渐升高，液控单向阀被打开，液压泵的输出流量自动调整到最小。液压缸处于锁紧状态，滑台在原位停止不动。变量泵 1 输出的油液经单向阀 2 和电液换向阀流回油箱而卸荷。

2. 列出动作顺序表（表 5-8）

表 5-8　电磁铁和行程阀动作顺序表

动作元件		工作循环					
		快进	Ⅰ工进	Ⅱ工进	止挡块停留	快退	原位停止
电磁铁	1YA	＋	＋	＋	＋	－	－
	2YA	－	－	－	－	＋	－
	3YA	－	－	＋	＋	－	－
行程阀		－	＋	＋	＋	＋/－	－

注：表中"＋"表示换向阀通电、行程阀被压下；"－"表示换向阀断电、行程阀复位。

3. 分析此液压系统的特点

1）此系统采用了限压式变量泵、调速阀和背压阀组成的容积节流调速回路，并在回油路上设置了背压阀，能保证滑台获得稳定的低速运动，有较好的调速刚性和较大的调速范围。

2）采用变量泵和差动连接回路，快进时能量利用比较合理；工进时只输出与液压缸相适应的流量；止挡块停留时只输出补偿泵及系统内泄漏所需的流量，没有溢流阀造成的功率损失，系统效率较高，减少了系统发热。

3）采用行程阀和顺序阀实现快进与工进速度的换接，使动作平稳可靠，无冲击，转换位置精度较高。

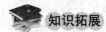 **知识拓展**

液压系统的常见故障分析及排除方法

液压设备使用一段时间后，由于种种原因，会造成工作性能的下降甚至失效。由于液压设备是由机械、液压以及电气等装置组成的统一体，结构复杂，尤其是液压系统，因其内部结构从外部观察不到，出现问题时要想查找原因更是比较困难。既需要有相关的理论知识，还需要维修人员有一定的实践经验。在使用过程中，要对设备经常检查，发现问题随时解决，将事故消除在萌芽状态。确实发现问题，要迅速查明原因，准确判断故障的产生部位，及时排除解决。

液压设备出现故障时，既不能毫无目的地乱拆，也不能让设备带"病"工作，设备检修人员可以采用"看、听、摸、嗅、问、阅"这种简易诊断方法来来查找原因，分析判断故障产生的部位和原因，从而决定排除故障的具体方法及具体措施。"看"即是观察执行元件的运动有无异常，各处压力、油液流量、泄漏情况等。"听"是听系统及各元件工作时的噪声是否过大，有无冲击声、损坏声等。"摸"是通过触摸感觉，判断系统各处的温度是否正常，有无冲击振动和爬行以及微动开关等元件的松紧程度。"嗅"是用来判别油液是否发臭变质的。"问"是向操作者直接询问故障发生前后的情况，有无误操作或是其他不正常情况。"阅"是需要查阅相关技术资料及使用情况记录，帮助尽快查明故障产生原因。

考试要点

1. 分析液压系统图的步骤是什么？

2. 试填写图 5-39 所示液压系统实现"快进→第一次工进→第二次工进→快退→原位停止"工作循环的电磁铁动作顺序表（表 5-9）（电磁铁通电为"＋"，断电为"－"）。

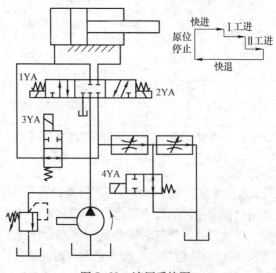

图 5-39　液压系统图

表 5 - 9　电磁铁动作顺序表

电磁铁 动作	1YA	2YA	3YA	4YA
快进				
Ⅰ 工进				
Ⅱ 工进				
快退				
原位停止				

附 录

附录 A 公称尺寸≤500mm 轴的基本偏差

（单位：μm）

上部（a～h 及 js）为**基本偏差 上极限偏差 es（所有标准公差级）**；右部（j～zc）为**基本偏差 下极限偏差 ei（所有标准公差级）**。js 偏差等于 $\pm IT/2$。

公称尺寸/mm	a	b	c	cd	d	e	ef	f	fg	g	h	js	j 5~6	j 7	j 8	k 4~7	k ≤3,>7	m	n	p	r	s	t	u	v	x	y	z	za	zb	zc
≤3	−270	−140	−60	−34	−20	−14	−10	−6	−4	−2	0		−2	−4	−6	0	0	+2	+4	+6	+10	+14	—	+18	—	+20	—	+26	+32	+40	+60
>3~6	−270	−140	−70	−46	−30	−20	−14	−10	−6	−4	0		−2	−4	—	+1	0	+4	+8	+12	+15	+19	—	+23	—	+28	—	+35	+42	+50	+80
>6~10	−280	−150	−80	−56	−40	−25	−18	−13	−8	−5	0		−2	−5	—	+1	0	+6	+10	+15	+19	+23	—	+28	—	+34	—	+42	+52	+67	+97
>10~14	−290	−150	−95	—	−50	−32	—	−16	—	−6	0		−3	−6	—	+1	0	+7	+12	+18	+23	+28	—	+33	—	+40	—	+50	+64	+90	+130
>14~18	−290	−150	−95	—	−50	−32	—	−16	—	−6	0		−3	−6	—	+1	0	+7	+12	+18	+23	+28	—	+33	+39	+45	—	+60	+77	+108	+150
>18~24	−300	−160	−110	—	−65	−40	—	−20	—	−7	0		−4	−8	—	+2	0	+8	+15	+22	+28	+35	—	+41	+47	+54	+63	+73	+98	+136	+188
>24~30	−300	−160	−110	—	−65	−40	—	−20	—	−7	0		−4	−8	—	+2	0	+8	+15	+22	+28	+35	+41	+48	+55	+64	+75	+88	+118	+160	+218
>30~40	−310	−170	−120	—	−80	−50	—	−25	—	−9	0		−5	−10	—	+2	0	+9	+17	+26	+34	+43	+48	+60	+68	+80	+94	+112	+148	+200	+274
>40~50	−320	−180	−130	—	−80	−50	—	−25	—	−9	0		−5	−10	—	+2	0	+9	+17	+26	+34	+43	+54	+70	+81	+97	+114	+136	+180	+242	+325
>50~65	−340	−190	−140	—	−100	−60	—	−30	—	−10	0		−7	−12	—	+2	0	+11	+20	+32	+41	+53	+66	+87	+102	+122	+144	+172	+226	+300	+405
>65~80	−360	−200	−150	—	−100	−60	—	−30	—	−10	0		−7	−12	—	+2	0	+11	+20	+32	+43	+59	+75	+102	+120	+146	+174	+210	+274	+360	+480
>80~100	−380	−220	−170	—	−120	−72	—	−36	—	−12	0		−9	−15	—	+3	0	+13	+23	+37	+51	+71	+91	+124	+146	+178	+214	+258	+335	+445	+585
>100~120	−410	−240	−180	—	−120	−72	—	−36	—	−12	0		−9	−15	—	+3	0	+13	+23	+37	+54	+79	+104	+144	+172	+210	+254	+310	+400	+525	+690
>120~140	−460	−260	−200	—	−145	−85	—	−43	—	−14	0		−11	−18	—	+3	0	+15	+27	+43	+63	+92	+122	+170	+202	+248	+300	+365	+470	+620	+800
>140~160	−520	−280	−210	—	−145	−85	—	−43	—	−14	0		−11	−18	—	+3	0	+15	+27	+43	+65	+100	+134	+190	+228	+280	+340	+415	+535	+700	+900
>160~180	−580	−310	−230	—	−145	−85	—	−43	—	−14	0		−11	−18	—	+3	0	+15	+27	+43	+68	+108	+146	+210	+252	+310	+380	+465	+600	+780	+1000
>180~200	−660	−340	−240	—	−170	−100	—	−50	—	−15	0		−13	−21	—	+4	0	+17	+31	+50	+77	+122	+166	+236	+284	+350	+425	+520	+670	+880	+1150
>200~225	−740	−380	−260	—	−170	−100	—	−50	—	−15	0		−13	−21	—	+4	0	+17	+31	+50	+80	+130	+180	+258	+310	+385	+470	+575	+740	+960	+1250
>225~250	−820	−420	−280	—	−170	−100	—	−50	—	−15	0		−13	−21	—	+4	0	+17	+31	+50	+84	+140	+196	+284	+340	+425	+520	+640	+820	+1050	+1350
>250~280	−920	−480	−300	—	−190	−110	—	−56	—	−17	0		−16	−26	—	+4	0	+20	+34	+56	+94	+158	+218	+315	+385	+475	+580	+710	+920	+1200	+1550
>280~315	−1050	−540	−330	—	−190	−110	—	−56	—	−17	0		−16	−26	—	+4	0	+20	+34	+56	+98	+170	+240	+350	+425	+525	+650	+790	+1000	+1300	+1700
>315~355	−1200	−600	−360	—	−210	−125	—	−62	—	−18	0		−18	−28	—	+4	0	+21	+37	+62	+108	+190	+268	+390	+475	+590	+730	+900	+1150	+1500	+1900
>355~400	−1350	−680	−400	—	−210	−125	—	−62	—	−18	0		−18	−28	—	+4	0	+21	+37	+62	+114	+208	+294	+435	+530	+660	+820	+1000	+1300	+1650	+2100
>400~450	−1500	−760	−440	—	−230	−135	—	−68	—	−20	0		−20	−32	—	+5	0	+23	+40	+68	+126	+232	+330	+530	+595	+740	+920	+1100	+1450	+1850	+2400
>450~500	−1650	−840	−480	—	−230	−135	—	−68	—	−20	0		−20	−32	—	+5	0	+23	+40	+68	+132	+252	+360	+595	+660	+820	+1000	+1250	+1600	+2100	+2600

注：1. 公称尺寸小于1mm时，各级的 a 和 b 均不采用。
2. 公差带 js7 至 js11，若 IT_n 的数值为奇数，则取 $js = \pm IT_{n-1}/2$。

附录 B　公称尺寸≤500mm 孔的基本偏差

（单位：μm）

公称尺寸/mm	A	B	C	CD	D	E	EF	F	FG	G	H	JS	J6	J7	J8	K≤8	K>8	M≤8	M>8	N≤8	N>8	P~ZC≤7	P	R	S	T	U	V	X	Y	Z	ZA	ZB	ZC	Δ3	Δ4	Δ5	Δ6	Δ7	Δ8
	下极限偏差 EI（所有标准公差等级）												上极限偏差 ES										上极限偏差 ES（基本偏差）												Δ/μm					
≤3	+270	+140	+60	+34	+20	+14	+10	+6	+4	+2	0	$\pm IT_n/2$	+2	+4	+6	0	0	-2	-2	-4	-4	在 >IT7 级的相应数值上增加一个 Δ 值	-6	-10	-14	—	-18	—	-20	—	-26	-32	-40	-60	0	0	0	0	0	0
>3~6	+270	+140	+70	+46	+30	+20	+14	+10	+6	+4	0		+5	+6	+10	-1+Δ	—	-4+Δ	-4	-8+Δ	0		-12	-15	-19	—	-23	—	-28	—	-35	-42	-50	-80	1	1.5	1	3	4	6
>6~10	+280	+150	+80	+56	+40	+25	+18	+13	+8	+5	0		+5	+8	+12	-1+Δ	—	-6+Δ	-6	-10+Δ	0		-15	-19	-23	—	-28	—	-34	—	-42	-52	-67	-97	1	1.5	2	3	6	7
>10~14	+290	+150	+95	—	+50	+32	—	+16	—	+6	0		+6	+10	+15	-1+Δ	—	-7+Δ	-7	-12+Δ	0		-18	-23	-28	—	-33	—	-40	—	-50	-64	-90	-130	1	2	3	3	7	9
>14~18	+290	+150	+95	—	+50	+32	—	+16	—	+6	0		+6	+10	+15	-1+Δ	—	-7+Δ	-7	-12+Δ	0		-18	-23	-28	—	-33	-39	-45	—	-60	-77	-108	-150	1	2	3	3	7	9
>18~24	+300	+160	+110	—	+65	+40	—	+20	—	+7	0		+8	+12	+20	-2+Δ	—	-8+Δ	-8	-15+Δ	0		-22	-28	-35	—	-41	-47	-54	-63	-73	-98	-136	-188	1.5	2	3	4	8	12
>24~30	+300	+160	+110	—	+65	+40	—	+20	—	+7	0		+8	+12	+20	-2+Δ	—	-8+Δ	-8	-15+Δ	0		-22	-28	-35	-41	-48	-55	-64	-75	-88	-118	-160	-218	1.5	2	3	4	8	12
>30~40	+310	+170	+120	—	+80	+50	—	+25	—	+9	0		+10	+14	+24	-2+Δ	—	-9+Δ	-9	-17+Δ	0		-26	-34	-43	-48	-60	-68	-80	-94	-112	-148	-200	-274	1.5	3	4	5	9	14
>40~50	+320	+180	+130	—	+80	+50	—	+25	—	+9	0		+10	+14	+24	-2+Δ	—	-9+Δ	-9	-17+Δ	0		-26	-34	-43	-54	-70	-81	-95	-114	-136	-180	-242	-325	1.5	3	4	5	9	14
>50~65	+340	+190	+140	—	+100	+60	—	+30	—	+10	0		+13	+18	+28	-2+Δ	—	-11+Δ	-11	-20+Δ	0		-32	-41	-53	-66	-87	-102	-122	-144	-172	-226	-300	-400	2	3	5	6	11	16
>65~80	+360	+200	+150	—	+100	+60	—	+30	—	+10	0		+13	+18	+28	-2+Δ	—	-11+Δ	-11	-20+Δ	0		-32	-43	-59	-75	-102	-120	-146	-174	-210	-274	-360	-480	2	3	5	6	11	16
>80~100	+380	+220	+170	—	+120	+72	—	+36	—	+12	0		+16	+22	+34	-3+Δ	—	-13+Δ	-13	-23+Δ	0		-37	-51	-71	-91	-124	-146	-178	-214	-258	-335	-445	-585	2	4	5	7	13	19
>100~120	+410	+240	+180	—	+120	+72	—	+36	—	+12	0		+16	+22	+34	-3+Δ	—	-13+Δ	-13	-23+Δ	0		-37	-54	-79	-104	-144	-172	-210	-254	-310	-400	-525	-690	2	4	5	7	13	19
>120~140	+460	+260	+200	—	+145	+85	—	+43	—	+14	0		+18	+26	+41	-3+Δ	—	-15+Δ	-15	-27+Δ	0		-43	-63	-92	-122	-170	-202	-248	-300	-365	-470	-620	-800	3	4	6	7	15	23
>140~160	+520	+280	+210	—	+145	+85	—	+43	—	+14	0		+18	+26	+41	-3+Δ	—	-15+Δ	-15	-27+Δ	0		-43	-65	-100	-134	-190	-228	-280	-340	-415	-535	-700	-900	3	4	6	7	15	23
>160~180	+580	+310	+230	—	+145	+85	—	+43	—	+14	0		+18	+26	+41	-3+Δ	—	-15+Δ	-15	-27+Δ	0		-43	-68	-108	-146	-210	-252	-310	-380	-465	-600	-780	-1000	3	4	6	7	15	23
>180~200	+660	+340	+240	—	+170	+100	—	+50	—	+15	0		+22	+30	+47	-4+Δ	—	-17+Δ	-17	-31+Δ	0		-50	-77	-122	-166	-236	-284	-350	-425	-520	-670	-880	-1150	3	4	6	9	17	26
>200~225	+740	+380	+260	—	+170	+100	—	+50	—	+15	0		+22	+30	+47	-4+Δ	—	-17+Δ	-17	-31+Δ	0		-50	-80	-130	-180	-258	-310	-385	-470	-575	-740	-960	-1250	3	4	6	9	17	26
>225~250	+820	+420	+280	—	+170	+100	—	+50	—	+15	0		+22	+30	+47	-4+Δ	—	-17+Δ	-17	-31+Δ	0		-50	-84	-140	-196	-284	-340	-425	-520	-640	-820	-1050	-1350	3	4	6	9	17	26
>250~280	+920	+480	+300	—	+190	+110	—	+56	—	+17	0		+25	+36	+55	-4+Δ	—	-20+Δ	-20	-34+Δ	0		-56	-94	-158	-218	-315	-385	-475	-580	-710	-920	-1200	-1550	4	4	7	9	20	29
>280~315	+1050	+540	+330	—	+190	+110	—	+56	—	+17	0		+25	+36	+55	-4+Δ	—	-20+Δ	-20	-34+Δ	0		-56	-98	-170	-240	-350	-425	-525	-650	-790	-1000	-1300	-1700	4	4	7	9	20	29
>315~355	+1200	+600	+360	—	+210	+125	—	+62	—	+18	0		+29	+39	+60	-4+Δ	—	-21+Δ	-21	-37+Δ	0		-62	-108	-190	-268	-390	-475	-590	-730	-900	-1150	-1500	-1900	4	5	7	11	21	32
>355~400	+1350	+680	+400	—	+210	+125	—	+62	—	+18	0		+29	+39	+60	-4+Δ	—	-21+Δ	-21	-37+Δ	0		-62	-114	-208	-294	-435	-530	-660	-820	-1000	-1300	-1650	-2100	4	5	7	11	21	32
>400~450	+1500	+760	+440	—	+230	+135	—	+68	—	+20	0		+33	+43	+66	-5+Δ	—	-23+Δ	-23	-40+Δ	0		-68	-126	-232	-330	-490	-595	-740	-920	-1100	-1450	-1850	-2400	5	5	7	13	23	34
>450~500	+1650	+840	+480	—	+230	+135	—	+68	—	+20	0		+33	+43	+66	-5+Δ	—	-23+Δ	-23	-40+Δ	0		-68	-132	-252	-360	-540	-660	-820	-1000	-1250	-1600	-2100	-2600	5	5	7	13	23	34

注：
1. 公称尺寸小于1mm 以下时各级的 A 和 B 均不采用。
2. 公差带 JS7 至 JS11，若 IT_n 的数值为奇数，则取 JS = ±IT_{n-1}/2。
3. 标准公差≤IT8 的 K、M、N 及≤IT7 的 P 到 ZC 时，从表的右侧选取 Δ 值。
4. 特殊情况：250~315mm 的 M6，ES = -9μm（代替 -11μm）。
5. 公称尺寸为1mm 和标准公差≤IT8 的基本偏差 N 不采用。

参 考 文 献

[1] 南秀蓉，等. 公差与测量技术［M］. 北京：国防工业出版社，2010.

[2] 杨好学. 互换性与技术测量［M］. 2 版. 西安：西安电子科技大学出版社，2010.

[3] 李献坤，杨月祥. 机械制造基础［M］. 北京：中国劳动社会保障出版社，2010.

[4] 陈永久. 机械基础（工程技术类）［M］. 长沙：国防科技大学出版社，2006.

[5] 武良臣，吕宝占. 互换性与技术测量［M］. 北京：北京邮电大学出版社，2009.

[6] 胥宏. 机械基础［M］. 成都：电子科技大学出版社，2007.

[7] 朱红雨. 机械基础（上、下册）［M］. 北京：中国传媒大学出版社，2008.

[8] 陈永久. 机械基础（工程技术类）［M］. 长沙：国防科技大学出版社，2006.

[9] 师素娟，等. 机械设计基础［M］. 武汉：华中科技大学出版社，2008.

[10] 李培根. 机械基础（初级、高级）［M］. 北京：机械工业出版社，2005.

[11] 张林. 液压与气压传动技术［M］. 北京：人民邮电出版社，2008.

[12] 蓝建设. 液压与气动技术［M］. 北京：高等教育出版社，2007.

[13] 孙大俊. 机械基础［M］. 4 版. 北京：中国劳动社会保障出版社，2008.

[14] 陈桂芳. 液压与气动技术［M］. 2 版. 北京：北京理工大学出版社，2011.

[15] 张立仁. 机械知识［M］. 4 版. 北京：中国劳动社会保障出版社，2008.

[16] 乔元信. 液压技术［M］. 3 版. 北京：中国劳动社会保障出版社，2007.

机 械 工 业 出 版 社

教师服务信息表

尊敬的老师：

　　您好！感谢您多年来对机械工业出版社的支持与厚爱！为了进一步提高我社教材的出版质量，更好地为职业教育的发展服务，欢迎您对我社的教材多提宝贵意见和建议。另外，如果您在教学中选用了《机械基础（非机类·任务驱动模式)》（王英　主编）一书，我们将为您免费提供与本书配套的电子课件。

一、基本信息

姓名：_____　性别：_____　职称：_____　职务：_____

学校：_____　系部：_____

地址：_____　邮编：_____

任教课程：_____　电话：_____（O）　手机：_____

电子邮件：_____　qq：_____　msn：_____

二、您对本书的意见及建议

（欢迎您指出本书的疏误之处）

三、您近期的著书计划

请与我们联系：

100037　　机械工业出版社·技能教育分社　　马晋（收）

Tel：010-88379079

Fax：010-68329397

E-mail：major86@163.com